蚂蚁帝国

[德] 苏珊·福伊齐克　奥拉夫·弗里切——著
(Susanne Foitzik)　(Olaf Fritsche)
陈志林　郭彬彬　冉　浩——译

江苏凤凰科学技术出版社·南京

江苏省版权局著作权合同登记 图字：10-2021-536 号

图书在版编目（CIP）数据

蚂蚁帝国 /（德）苏珊·福伊齐克，（德）奥拉夫·弗里切著；陈志林，郭彬彬，冉浩译. -- 南京：江苏凤凰科学技术出版社，2025. 5（2026. 4 重印）. -- ISBN 978-7-5713-5056-7

Ⅰ. Q969. 554. 2-49

中国国家版本馆 CIP 数据核字第 20256BW897 号

蚂蚁帝国

著　　者	[德] 苏珊·福伊齐克（Susanne Foitzik） [德] 奥拉夫·弗里切（Olaf Fritsche）
译　　者	陈志林　郭彬彬　冉　浩
责任编辑	沙玲玲　杨嘉庚
助理编辑	魏静姝
责任设计	蒋佳佳
责任校对	罗章莉
责任监制	刘文洋
出版发行	江苏凤凰科学技术出版社
出版社地址	南京市湖南路 1 号 A 楼，邮编：210009
出版社网址	http://www.pspress.cn
印　　刷	南京新世纪联盟印务有限公司
开　　本	880 mm × 1 230 mm　1/32
印　　张	9.5
字　　数	230 000
版　　次	2025 年 5 月第 1 版
印　　次	2026 年 4 月第 2 次印刷
标准书号	ISBN 978-7-5713-5056-7
定　　价	68.00 元

EMPIRE OF ANTS

The Hidden Worlds and Extraordinary Lives of Earth's Tiny Conquerors

目 录

第三章

有效的自组织状态 045

第四章

交际感官 063

第五章

精准导航 085

第十章

寄生和役奴蚁 177

第十一章

“医生”的自我疗愈 203

第十二章

统治世界之路 223

引言

虽小但强

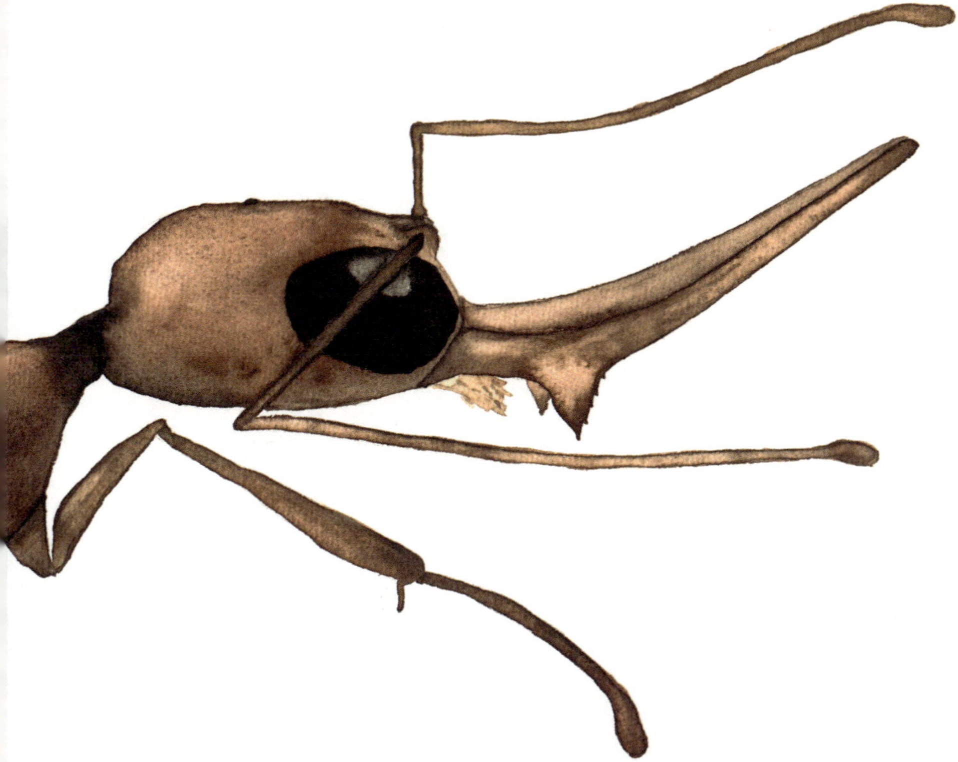

印度的跳镰猛蚁（*Harpegnathos saltator*）
用它的大眼睛来捕猎。

人们常说，从高处看，人类就像蚂蚁一样。我觉得这是个不错的比喻。

飞往秘鲁的航班还没有达到巡航高度，我在座位上微微向前倾，看着窗外，我依稀能分辨出蜿蜒的道路、错落的房屋、广阔的田地、牧场上的牛群、零星分布的村庄，以及远处的城市。在这里所看到的一切与我在研究蚂蚁时所观察到的场景何其相似：固定的道路、壮观的建筑、发达的农业和畜牧业。如果你仔细想想，相似之处还不止于此。蚂蚁像人类一样生活在自己的城市里。在和平时期，它们照常工作，公平地分担劳动。每个成员都有自己的工作，从育儿室的“保姆”到巢穴中的“建筑师”“建筑工人”“管家”，再到确保所有成员都有饭吃的“猎人”和“采集者”。但和平不会永远持续下去，在蚂蚁中也是如此。相邻的蚁群为领土边界而争斗，并相互发动激烈的战争。入侵者征服毫无防备的蚁群，较弱的成员被掳走并沦为“奴隶”。

就像人类一样，蚂蚁见证了整个帝国的兴衰荣辱。

不是所有的“女王”都生而平等

当然，这些相似之处并不一定意味着蚂蚁和人类是一样的，也不意味着蚂蚁如果扮演人类的角色会比我们做得更好。那种想法是完全错误的。人类和蚂蚁之所以存在许多相似之处，是因为我们将人类社会结构的术语应用到了蚂蚁的社会结构中。以蚁后为例，它们和人类君主制中的女王几乎没有任何共同之处——除非你知道有哪位女王真的能亲自生育她所有的臣民。而且，你在人类工厂里也不可能找到像工蚁那样的角色。然而，我们对这两种角色使用了相同的术语，是因为我们没有更好的术语来描述它们，而创造新的术语会使事情变得不必要的复杂。此外，当描述蚂蚁的属性时，这些术语惊人地贴切。但我们应该记住，当这些术语应用于人类社会时，它们的含义并不相同。

我们难以否认人类和蚂蚁之间的相似性，但这些相似性的形成过程是截然不同的——对蚂蚁来说，它们的行为完全是自然选择的结果；对我们来说，这些行为则是由文明、科技和道德价值体系共同产生的结果。但我们经常能发现类似的问题摆在我们面前：一大群人如何能在一个小空间里共同生活？群体之间如何争夺资源？我们如何在充满潜在危险的环境中站稳脚跟？

相似且不同，也许正是这两者的结合，让我们对蚂蚁如此着迷。

小得惊人

蚂蚁和人类最显著的区别之一是体型——蚂蚁显然比我们小得多。大多数常见蚂蚁的体长在2至10毫米之间。而较大的和较小的蚂蚁之间的体型差异也非常大：小小的法老小家蚁（*Monomorium pharaonis*）可以毫不费力地在巨人恐蚁（*Dinomyrmex gigas*）的头上爬来爬去——它们之间的体型差异类似于人与老鼠的体型差异。

用人类社会来类比，我们观察到的蚂蚁“国家”的大小差异非常大，堪比从圣马力诺（San Marino）[①]到中国的国土面积跨度。切胸蚁属（*Temnothorax*）的蚁群仅由几十只个体组成，它们井然有序地生活在一颗橡子里。相比之下，切叶蚁蚁群内的成员数量可达300万，它们生活在和人类房子一样大的地下巢穴中。那里的配备设施包括大量的巢室、走廊、通风系统、湿度控制系统、废物处理设施以及用于培育真菌的真菌园。这些拥有上百万只昆虫居民的“国家”，其复杂程度令人惊叹，却完全建在地下。试问人类有能力创造和维持一个类似的地下世界吗?

在所有这些比较中，我们绝不能忘记，当谈论人类时，我们只是在谈论一个单一的物种，即智人。而蚂蚁的世界拥有数以万计的不同物种，其中一些物种的生活方式与其他物种是截然不同的。我们在这本书中遇到的几乎每一种行为模式都有变化和例外，其中一些只出现在少数物种中。然而，在很多方面，几乎所有的蚂蚁都是一样的。正是这些共性使它们在世界上拥有了独一无二的地位。

成功的秘诀

蚂蚁的成功很大程度上取决于它们对待蚁群的态度：不要问你的蚁群能为你做什么，而要问你能为你的蚁群做什么。一只没有了蚁群

① 译者注：圣马力诺，意大利半岛东部的国家，国土面积为61.2平方千米。

的蚂蚁是无助的，即使是强大的棒结近猛蚁（*Paraponera clavata*）的工蚁（这种蚂蚁长得像胡蜂一样大，但没有翅膀，如果被它螫伤，真的能让人痛到发疯），也会在离开蚁群后的几天内死亡。但当蚂蚁在蚁群中工作时，它们几乎是不可阻挡的。这就是为什么当一群热带行军蚁袭击当地人的农场或村庄时，当地人会抛弃他们的小屋。

蚂蚁成功的另一个秘诀就是它们拥有庞大的数量。没有人知道世界上有多少只蚂蚁。一些蚁学家估计可能有1亿亿只。如果这是正确的，那么蚂蚁数量和当前地球人口数量[①]的比率大约为1 250 000：1。假

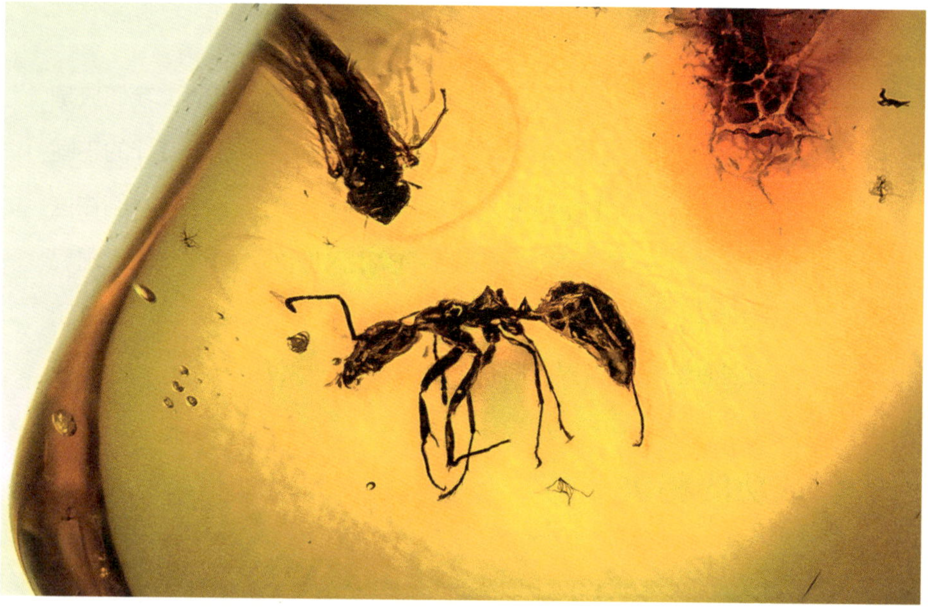

早在恐龙统治地球的时代，蚂蚁就在它们脚边爬行了。一些蚂蚁偶尔会陷入树脂中，这些树脂后来就变成了昆虫琥珀。

① 当前地球人口按80亿算。

设这些小家伙的平均体长在1厘米左右，那么把世界上所有的蚂蚁首尾相接排列起来，它们可以形成一条长度惊人的链条。这条链条的长度约为太阳和地球平均距离（约1.5亿千米）的668倍。或者说，这个长度约为太阳与冥王星平均距离（约59亿千米）的34倍。这些有趣的数据表明，每只蚂蚁的微小贡献都被它们的数量放大了，使得它们作为一个整体时难以被忽视。一只蚂蚁可能吃不了多少东西，但所有蚂蚁加起来每年会消灭数不清的其他种类的昆虫。一只蚂蚁只能移动几粒沙子，但它们在一起却可以移动山脉。它们在一亿多年前出现的时候便是如此强大，而那时恐龙还在统治着地球。

谁在真正统治世界

如今，人类自认为是世界的统治者。然而，如果没有我们，这个世界或许会很好。想象一下，如果地球上所有的人类都消失了，会发生什么？很多书都在讨论这个话题，它们都得出结论：全球性的灾难不会发生。相反，随着时间的推移，大自然会从我们的统治中恢复，城镇会消失，新物种会产生，并恢复到几千年前所具有的生物多样性状态。当然，人类是自然的一部分，但在许多方面，我们的诸多行为已打破自然循环的平衡。我们向大气中排放的二氧化碳比世界上所有光合植物、藻类和微生物所能吸收的加起来还要多，这导致了灾难性的温室效应。此外，我们的生态系统无法处理我们产生的某些废物，如放射性物质和塑料，这就是为什么它们被埋在地下或堆积在我们的海洋中。你可能会说，对地球上的生命而言，我们人类的存在更像是一种灾难，而不是一件幸事。

蚂蚁就不一样了。虽然有些种类的蚂蚁也会造成生物多样性降低和生态单一化，显著地改变它们所生活的生态系统，但由于这些种类蚂蚁的数量相对较少，且没有遍布全球，所以蚂蚁的生活方式更具可持续性。

由于它们的行为演化速度比人类更慢，这让生态系统有时间进行调整。如果蚂蚁突然从地球上消失，那么它们在生态系统中所扮演的角色将没有生物能够替代。例如，它们捕食的昆虫的种群就会迅速繁殖和扩张，吞噬森林和草原；死去的动物将无法及时被处理掉，而是在它们倒下的地方腐烂；土壤的透气性会降低，营养循环会停滞。全世界的陆地生态系统都将陷入瘫痪，这将需要数年、数十年甚至数个世纪才能达到新的平衡。这种变化将导致自然界长期处于不稳定状态，并且可能永远不会恢复到原来的样子。那么，到底谁才是这个世界真正的主宰呢？

小蚂蚁，大智慧

捕猎者、医护人员、奴隶制造者……蚂蚁扮演着令人惊讶的各种角色。在这本书中，我和我的合著者奥拉夫·弗里切（Olaf Fritsche）将带你踏上一段旅程，进入这个星球上最迷人和最重要的生物之一的世界。我们将前往秘鲁、马来西亚、北美和欧洲的森林。我们会看到在自己的领地里没有发言权的“女王”、骑在“平民”背上抵御侵略者的“女保镖”，以及想不劳而获而掠取其他物种后代作为奴隶的奴役现象。我们将解释为什么一些蚁后会以自己孩子的血液为食，以及为什么一些工蚁愿意牺牲自己的生命来喂养饥饿的姐妹。我们还将了解为什么蚂蚁没有注意到鬼鬼祟祟的甲虫正在它们的眼皮底下偷吃它们的后代。

你会看到我们在夜深人静的时候对付一队行军蚁，看到切叶蚁摧毁我们的实验室设备，看到我的同事解剖一只蚂蚁的脑。你会发现蚂蚁社会和人类社会之间存在着惊人的相似之处，同时也会意识到我们之间的根本差异。

蚂蚁——它们可能很小，但是，它们很强大！

第一章

带我去见你们的首领

巨首芭切叶蚁（*Atta cephalotes*）的兵蚁和普通工蚁在体型上有巨大差异。

官僚主义是世界各地研究人员的痛苦之源。每一次到世界其他地方考察，都是从堆积如山的公文开始的，且这些文件一年比一年多。

但幸运的是，我们可以在离家较近的地方找到蚂蚁。如果你曾选错了野餐的地点，你就会非常清楚甜食对蚂蚁的吸引力有多么的巨大，它们会毫不犹豫地加入你的野餐。你可以在田野、森林和花园中找到它们，有时它们甚至会在我们的家里安家落户。蚂蚁几乎无处不在，它们在数量和种类上都很丰富。北美有近1 000种不同的蚂蚁，但与全球至少有16 000种不同的蚂蚁相比，这根本不算什么。可能还存在数量未知的其他蚂蚁物种，它们或许因为罕见或过着隐秘的生活而尚未被发现。许多研究人员的目标是追踪这些神秘的物种，他们在丛林、草原（尤指东南欧及西伯利亚树少的草原）或沙漠里四处搜寻，翻遍每一块石头，翻看每一片树叶，敲打每一根树枝。

无论好坏，某些种类的蚂蚁对研究人员有着特殊的吸引力。例如，蚂蚁世界的神秘巨星——切叶蚁和行军蚁，在德国是找不到的。为了在野外研究这些生物及其迷人的习性，我们这些研究蚂蚁的人——被称为“蚁学家”的一群人，必须前往它们生活的地方。实际上，蚂蚁遍布全球，除了南极和一些寒冷的孤立地区（如冰岛）。对于任何想要了解它们的人来说，要填写的表格（进入某个国家或地区进行调查前需要获得相关部门的审批）数量往往让人感觉比世界上所有蚂蚁的腿加起来还要多。至少，我个人感觉是这样的。

然而，就像我们研究的对象一样，我们（蚁学家）同样极具毅力。所以，每年尽管路上有成堆的文件需要处理，我们还是聚集了一支由本科生、博士、博士后和教授组成的生气勃勃的团队前往世界最偏远的角落。在那里，我们要面对响尾蛇、串珠蜥蜴和旱蚂蟥等危险生物，寻找蚂蚁并把它们挖出来。然后，我们前往海关，向困惑的官员欣然出示了一堆许可证，以确保我们的蚂蚁顺利出关与入境。

是的，这事有时确实令人头痛。不过，我认为这是世界上最好的工作。

性别的决定与工蚁姐妹

一旦我们在选址附近着陆并处理了堆积如山的文书，就会租上一辆越野车，驶向河边。到达后，我们小心翼翼地将设备装进长船，仔细检查以确保长船不会翻覆。在暮色渐浓之际，借助手电筒找到穿过水流的最佳路线，然后就可以开始搜寻蚂蚁了。

然而，即使在同一物种内，蚂蚁也有很大的差异。蚂蚁社会有着严格的等级制度，通常由蚁后、工蚁和雄蚁等不同品级组成。蚁后在等级制度的顶端，一个蚁群有一只还是几只蚁后，这取决于具体的物种。蚁后的臣民主要由工蚁组成，相比之下，蚁群中雄蚁的数量非常少。在下一章中，我将解释为什么雄蚁的数量较少，以及为什么它们在蚁群中得不到太高的地位。但首先，让我们来谈谈工蚁，以及是什么造成了雄蚁和工蚁之间微小但明确的差异。

就人类而言，我们普遍认为个体的性别是由染色体决定的：带有两条 X 染色体的受精卵会发育成女孩，而带有一条 X 染色体和一条 Y 染色体的受精卵会发育成男孩。这种机制在人类中如此普遍，以至于我们试图相信所有的动物都是如此。然而，大自然的多样性远不止于此。以鳄类为例，它们的性别由孵化时的温度来决定：如果孵化温度低于 30 ℃，卵就会发育成雌性；如果孵化温度高于 34 ℃，卵就会发育成雄性；而介于这两者之间的温度，则会孵化出两种性别，性别比例会随着温度的变化而变化。对于像迪士尼动画电影《海底总动员》中的尼莫这样的小丑鱼来说，性别完全取决于年龄：所有的小丑鱼一开始都是雄性，一旦它们成熟，如果群体中占主导地位的雌性死亡，它们有能力在一周内改变自己的性别。紫红短须螨（*Brevipalpus phoenicis*）主要分布在热带地区，它们的性别决定方式更为离奇：受一种细菌的影响，雄性在发育过程中会改变性别，所以这种螨的种群中几乎都是雌性。

蚂蚁的性别也不是由染色体决定的，而是取决于卵是否受精。受精卵会发育成雌蚁，而未受精卵则发育成雄蚁。这听起来很简单，但当我们仔细观察蚁群内部的关系时，就会发现它变得相当复杂（我们将在第三章《有效的自组织状态》中详细讨论这个问题）。我们观察到，雌蚁与其“姐妹”的亲缘关系比它们与自己的子女或母亲（蚁后）的亲缘关系更密切。相比之下，鳄类、小丑鱼、紫红短须螨和人类在兄弟姐妹、孩子和父母之间都表现出相同程度的亲缘关系。正如我将在后面的章节中向你展示的，蚁群中这种奇怪的亲缘关系解释了它们各种各样不可思议的异常行为。其中一个事实是，大多数雌蚁不生育后代，而是把繁殖任务留给蚁后。

是的，没错，的确是这样：在蚂蚁的世界里，只有蚁后才有交配的权利——即便如此，这种情况通常只会发生一次。在持续几个小时的婚飞中，蚁后通常只与一只雄蚁交配，或者更罕见的是与几只雄蚁交配，并在此过程中努力收集它一生产卵所需的所有精子。它把精子保存在卵巢之间的一个特殊的储精囊里，在那里精子可以奇迹般地存活许多年（蚁后可以活到 30 岁左右）。利用这些储备的精子，蚁后几乎可以让它产下的每一个卵都受精。由于受精卵只会发育成雌蚁，因此蚁群几乎完全由雌蚁组成，分别为雌性繁殖蚁和工蚁，所有的工蚁之间为姐妹关系。

然而，不幸的是，蚁群缺少人手，所以姐妹们不得不自行管理生活。它们将蚁后刚产下的卵搬运到育儿室并悉心照料。它们喂养幼虫，以确保幼虫稳定生长。它们保持后代的清洁，并使其远离病原体。它们翻修巢穴，必要时还会再建一个新的巢穴。它们为每个成员准备食物，并根据一个虽不公平但严格组织的制度进行分配。它们保卫蚁群，抵御各种规模的攻击，必要时随时准备牺牲自己。简而言之，姐妹们做所有需要做的工作，这就是为什么我们通常不把它们称为姐妹，而称呼它们为工蚁。

具有讽刺意味的是，在任何一个蚁群中，最多样化、最有趣的品级恰恰是那些不起眼的工蚁。它们建造宏伟的建筑、饲养牲畜、发起突袭和发动战争。但这些“伟大建筑师”和“士兵”职业生涯的起步远比你想象的要低调——它们从“保姆”做起。

令人毛骨悚然的育儿室

典型的工蚁一生都在巢穴和外部世界之间来回奔波。它的生命始于一颗卵，然后孵化成类似小蠕虫的白色幼虫，这个阶段的幼虫一直处于饥饿状态。当幼虫长到足够大时，就会变成坚硬的蛹，有些会被包裹在茧里。在这个阶段，它神奇地从蠕虫状变成了蚂蚁。这个过程就像毛毛虫变成蝴蝶一样——只不过没有翅膀，色彩也少了很多。蚂蚁的幼虫和蛹就是外行人常说的“蚁卵”。然而，真正的卵要小得多，

变色弓背蚁（*Camponotus discolor*）有3个品级：带翅的蚁后（右上）在完成交配后会褪去翅膀，雄蚁（左上）在交配完不久后便会死亡，工蚁（下）负责除产卵以外的所有工作。

而老熟幼虫和蛹在大小上与它们的成年亲属相似。一旦变态发育完成，蛹就羽化为成虫并开始准备上岗了。

当年轻工蚁的外骨骼还在逐渐硬化的时候，它就立即被送到育儿室工作了。这意味着它要喂养蚁后并辅助其产卵。每一个卵都必须被妥善照料：刚上岗的“保姆”必须保持卵的清洁，并确保育儿室的温度和湿度的稳定，以防止卵冻结或腐烂。卵和幼虫都必须被细心照料和喂养。如果你有孩子，到目前为止，这个过程看起来应该会比较熟悉。“换尿布”对蚂蚁来说不是问题——在这个阶段，幼虫还没有发育出肛门。任何从一端进入而没有被利用的东西都会聚集在中肠的末端，形成胎便。这样可以防止幼虫互相污染，保持育儿室的清洁。幼虫在化蛹前会排出这种粪便，这就是为什么每个蛹上都会有一个天然的黑点。

现在，回到幼虫本身。像所有年幼的孩子一样，幼虫总是饥肠辘辘。然而，这些幼虫并不只是进食者——在一些种类的蚂蚁中，它们可是菜单上的美食。美洲的切胸蚁属的蚁后喜欢舔食幼虫的分泌物。远东的西氏点猛蚁（*Stigmatomma silvestrii*）则更加令人毛骨悚然：如果蚁后饿了，它会选择一只老熟幼虫，咬其侧身，直到溢出透明的血液，也就是血淋巴。随后，它会吮吸几分钟血液，然后吐出几滴白色异物，这些白色异物会被它的“侍女”迅速而小心地处理掉。一顿血餐能让蚁后续命几个小时。和其他“吸血鬼”一样，它只以血液为食。它会拒绝美味的猎物，即使猎物就在它眼皮底下。令人惊讶的是，被它取食的幼虫会完全康复，只会在被取食的部位留下几道伤痕。蚁学家益子庆一（Keiichi Masuko）在实验室检测的西氏点猛蚁和其自然界的幼虫身上发现了这些伤痕，这表明吸血是该物种正常行为的一部分，而不是实验室特有的现象。

尽管如此，至少西氏点猛蚁的幼虫在成为蚁后食物的过程中还能幸存下来。相比之下，工蚁的卵就没那么幸运了。大多数种类蚂蚁中年轻工蚁的卵巢在蚁后存在时通常不会发育。但它们有时会产卵，这些卵不会发育成幼虫，而是成为蚁后的食物。这些卵对蚁后来说是一种特殊的美味佳肴，蚁后依靠它们提供的营养来产卵。

在蚂蚁的世界里，“婴儿食品”有着不同寻常的字面意义。从人类的角度来看，这可能听起来很恐怖，但这实际上是某些蚂蚁的一种巧妙的生存策略。没有冰箱和24小时营业的超市，蚂蚁很难将易腐烂的食物保存到需要时再吃。解决这个问题的办法是吃活的“罐头食品”，比如卵、幼虫和蛹。牺牲了它们，蚁群才能茁壮成长。其实仔细想想，这些年轻的“殉道者”间接地从蚁群间的同类相食中受益：如果这个蚁群继续存在，它们的基因也将延续下去。

绝命行动

工蚁在育儿室值班的时间从几周到几个月不等，这取决于蚂蚁的种类。等这段时间结束后，下一代工蚁已经准备好接管这些职责了。完成育儿室工作的工蚁已经不再年轻，但它会重新振作精神，致力于照顾家庭和修补巢穴。它巡视巢穴，处理它遇到的所有工作：保持巢穴的清洁、消灭细菌和真菌、清理石子和垃圾、创建新的巢室、挖掘走廊、保持通风管道畅通……有时它只是自由散漫地闲逛。在巢穴内工作的年轻工蚁会短暂休息一会儿，待在原地“发呆”，只是为了放松或消遣。或许是因为那一刻没有别的事情要做，因为只要有任务，正如你所期望的那样，工蚁就会勤奋地开始工作。也许正是因为有如此丰富的食物，蚁后能够产下大量的卵，而刚羽化的工蚁几乎没有什么事可做，只是在附近闲逛，等待一份工作。不管这种意想不到的懒惰是出于什么原因，我们都应该迁就它们。毕竟，职业阶梯的下一步是一个真正的牺牲型任务。

年老的工蚁会倾向于在巢穴外服务。在野外工作时，它们表现出的行为与我们通常想象的蚂蚁一样：不知疲倦地奔跑着、拖着死去的昆虫、在野餐篮子里爬来爬去。当我们太靠近它们的蚁丘时，它们会毫不留情地咬我们的小腿。

当我们愤怒地揉着被咬痛的腿时，也许忘记了巢穴之外的生活对蚂蚁来说是极其危险的。掠食性昆虫如甲虫、蜂和其他蚁群的蚂蚁，以及蜘蛛、蜥蜴和许多鸟类，都可能对工蚁构成威胁。最重要的是，在炎热的天气里，它们会有脱水的风险，或者外出旅行时间过长后，在返回巢穴时迷路。这就是为什么沙漠蚁在巢穴外的平均生存时间只有两周左右。考虑到一些工蚁在实验室条件下可以活到3岁，黑色的丝光褐林蚁（*Formica fusca*）可以活到8岁，也许这就是蚂蚁在外出活动时总是行色匆匆的原因。

尽管外出活动的风险很大，但总得有成员为蚁群提供食物。年轻的蚂蚁有它们的工作安排，因此接触更高风险任务不是它们的自然首选。这项任务落到了年长的工蚁身上，这在研究人员中引起了一个普遍的说法：“人类把青壮年送上战场，而蚂蚁让‘老太太’参加战斗。”

这些“老太太”其实一点也不弱，它们仍然是强大的、健全的“战士”，代表着蚁群中的一支精英部队。激素确保蚂蚁离开巢穴，到野外去：当蚂蚁在几周到几个月大的时候，激素就开始产生，使它们不再寻求照顾后代和照顾家庭，而是唤醒它们的冒险意识。根据种类的不同，它们会去吸食蚜虫等产生的蜜露、剪叶子、寻找动物尸体或捕猎。它们在地面上、树枝上和树叶上爬行，这是我们最终能够发现它们的地方。

以科学之名“入侵”

当然，当工蚁在食物来源地和巢穴之间忙碌地来回穿梭时，它们绝对不会想到，笼罩在它们头顶的巨大阴影是一群顶着蚊子叮咬的研究人员，他们终于发现了它们，兴奋得几乎发抖。白天想要追踪这些小小的“觅食者”很困难，因为它们在树叶和矮树丛中悄悄地行进。然而，到了晚上，就不一样了。这就好像夜行蚂蚁的巢穴隐藏在某种隐形斗篷之下：即使有多年的经验，在明亮的阳光下也不可能找到它们。因此，当我们在马来西亚寻找行军蚁或者在秘鲁寻找切叶蚁时，我们会将自己的昼夜节律与这些小生物同步：我们会一直睡到中午，如果热得睡不着，那么我们会写一份关于前一晚搜寻的报告。然后，我们会喝一杯速溶咖啡提神，等到日落之后，我们就戴上明亮的头灯，沿着狭窄的小路进入雨林。

有时，我们会在看到行军蚁之前就听到它们的声音——一阵静谧的沙沙声，这是数百只脚轻踏树叶的声音。然后我们注意到脚下有东西在移动。当行军蚁搬迁时，整个蚁群会打包它们的“行李”（它们的卵、幼虫和蛹），在地面上形成一个宽阔的纵队，然后跋涉到一个新的筑巢地点。

它们花了好几个小时从我们身边走过，丝毫没有注意到我们。至少，我们一开始是这么想的，因为现在是雨季，我们穿着雨靴，担任警戒任务的工蚁即便发现我们，也需要几分钟的时间才能接近我们暴露的身体部位。在那个时候，我们必须立即退到一旁，从一个更安全的距离观察这一壮观的景象。

与切叶蚁接触时，人们一般不会遭受身体上的伤害。切叶蚁排成的纵队通常能超过80米长，它们沿着精心挑选的小径穿过丛林，直达树顶。即使是最小的树枝，专门的清障部队也能将其从切叶蚁的路径上清除掉，确保没有障碍或交通堵塞。我希望人类的公路维护也能如此高效。切叶蚁出去的时候没有负重，但回来的时候，它们的上颚会夹着像旗帜一样的绿叶。有时它们还会收获花瓣，在森林地面上留下粉红色的行动轨迹。稍后，我们会更详细地研究这些旗帜的用意，但首先我们要跟随切叶蚁的队伍到达巢穴的入口。我们的目标是科学考察：收集整个蚁群并把它们带回我们的实验室。

我知道这听起来很残酷，但相信我，有时候别无选择。研究人员喜欢在大自然中进行调查，就像其他动物学家研究狮子、雁、座头鲸或沙蜥一样。在可能的情况下，我们会在森林、热带草原和沙漠中追逐蚂蚁，观察它们在自然环境中的行为。我们很乐意忍受长途旅行、饥饿的蚊子和临时搭建的卫生设施简易的营地，但这还不足以获得所有重要问题的答案。部分原因是蚂蚁的巢穴不是透明的，所以我们无法看到里面发生了什么。如果不在实验室观察蚁群，我们就很难知道幼虫是如何被照料的，以及它们是如何从卵发育为成熟个体的。

对于某些研究来说，人类缺乏对应的感官。在第四章《交际感官》中，我将向你展示蚂蚁是如何使用化学信号进行交流的，而我们的鼻子无法感知这些信号。我们可以用现代分析方法证明这些气味的存在，但你试试拖着质谱仪穿越丛林的感受！我们在实验室里进行的实验在自然界中是不可能实现的。除非你认为森林里有成员会热切地响应我们的请求——“请把所有的食用植物和猎物昆虫都收集起来，然后搬到巢穴的左边，好吗？”在实验室中工作使得我们能够创造迷宫、设置障碍训练场，并随心所欲地布设虚假的气味痕迹，以满足我们的研究设想。

如果我们想了解、保护，或者在特定情况下控制蚂蚁，我们就别无选择，只能“绑架”一些蚂蚁。对此，蚂蚁会用大量的螫伤和叮咬来清楚地表达它们的抗争。研究人员的工作并不容易。

令人痛苦的事

对于我们的“绑架行动”，蚂蚁要么全力进攻，要么合力防守，这就是它们的战斗方式。确切地说，蚂蚁总是在全力以赴地战斗，甚至不惜牺牲自己的生命。它们的武器主要包括强大的上颚、腐蚀性的蚁酸，有时甚至还有螫针。是的，许多种类的蚂蚁都有螫针。来自北美的蚁属（*Formica*）的大型林蚁和较小的新黑毛蚁（*Lasius neoniger*）虽然没有螯针，但它们可以喷洒蚁酸，而入侵性的红火蚁（*Solenopsis invicta*）和有“入侵欧洲红火蚁”之称的小红蚁（*Myrmica rubra*）会用它们的螯针来表达它们的不满。

你大概已经亲身经历过，在某些时候，蚂蚁会让人感到相当不愉快，因此你一定会乐于了解你所经历的疼痛程度在科学上该如何描述。

美国研究人员贾斯汀·施密特（Justin Schmidt）专门对不同昆虫的螯伤之痛进行了量化定义，在经历了150多种、1 000多次螯伤后，他开发了一个用自己的姓氏命名的量表，称为“施密特叮咬疼痛指数”（Schmidt Sting Pain Index）。疼痛等级从1.0到4.0+（“+”表示疼痛超过评分范围）。排名垫底的是那些仅仅令人不愉快的、五分钟内就会被遗忘的螯伤。施密特将其形容为“近乎果香”，把这种感觉比作有点过于热情的情人轻咬你的耳垂，或是走过弗洛卡蒂地毯后受到的微弱电击。棉火蚁（*Solenopsis xyloni*）的螯伤强度就处在这个水平，但切叶蚁在发怒时的威力可不止于此。其中包括小红蚁，其螯伤的施密特叮咬疼痛指数为1.8，感觉就像被回形针击中了脸颊。但是，当你揉搓受伤的部位时，你应该感到欣慰，因为你没有被澳大利亚的红犬蚁（*Myrmecia gulosa*）螯伤。据说，它造成的疼痛感觉就像用钻头去除嵌甲（即脚指甲内生，一种脚指甲往两侧的软组织生长的疾病）一样。这种疼痛将持续数天，该螯伤对应的施密特叮咬疼痛指数为3.0。

不过，这和南美的棒结近猛蚁造成的螯伤相比简直就是小巫见大巫。棒结近猛蚁通常被称为子弹蚁或“24小时蚂蚁”。它体长超过2厘米，是世界上最大的蚂蚁之一，它的毒液能造成施密特所经历过的最严重的疼痛。他将这种痛苦描述为“纯粹、强烈、刻骨的疼痛；就像走在燃烧的木炭上，而脚后跟还嵌了一根将近8厘米长的刺”，然后给它打分4.0+。一些痛苦的测试者将这种疼痛比作被枪击。值得庆幸的是，这种螫伤不会造成任何持久的伤害。经过地狱般的24小时后，疼痛逐渐减轻。但任何经历过这种痛苦的人都不会有丝毫重复这种实验的意愿，即使是为了科学。除非他们是瑟德利马威人（Sateré–Mawé）。在亚马孙盆地，这个部落的男人为了参加一项传统的成年仪式，需要把手浸在一个装满棒结近猛蚁的袋子里至少10

棒结近猛蚁的螫伤之痛是其他昆虫无法企及的。

分钟。而且该仪式不会只进行一次，他们会重复多达20次。

大脑袋和强壮的上颚

不能蜇人的蚂蚁，只能依靠啃咬和喷射毒雾来进行战斗。蚂蚁中兵蚁（或称大工蚁）的亚品级在这方面有着出色的表现。这些蚂蚁有一副好战的外表，体型明显比普通工蚁（或称小工蚁）要大。它们的头部明显更大，上颚也很发达。大头蚁属（*Pheidole*）的主要成员甚至因此获得了共同的绰号——大头蚁。

当幼虫还在育儿室的时候，就已经决定了它们未来的命运：接受较少食物的幼虫会发育成适合日常工作的普通工蚁；养尊处优、营养充足的幼虫注定会成为兵蚁。这种不平等的待遇不仅体现在它们的大小上，还体现在控制进食分泌物和分泌毒素的腺体的发育上。这些腺体会根据它们未来的用途而健康生长或发育不良。更令人惊讶的是，即使是最好斗的“亚马孙女战士”（一种蚂蚁的俗称），在羽化后不久就开始了它们的职业生涯，就像普通工蚁一样在育儿室工作。在许多种类蚂蚁中，每个兵蚁都要先当保姆。

具有巨大上颚的兵蚁通常负责守卫巢穴的入口。切叶蚁的兵蚁用它们的力量撕碎粗糙的植物材料；行军蚁的兵蚁守卫在行军纵队的两翼，捕捉并杀死强大的猎物；大头蚁属的兵蚁把坚硬的种子磨成碎屑。平头蚁属（*Colobopsis*）的兵蚁则扮演着门挡的角色，用它们的平截前额区把巢穴的入口严丝合缝地封堵起来。如果由于某种原因，负责照顾幼虫的普通工蚁突然没法工作了，兵蚁也会回到巢穴照顾幼虫。由于上颚很大，它们在拾起幼虫时有时会显得有些笨拙或缺乏必要的温柔。我们将在接下来的章节中更仔细地研究这些能力，但有一点是肯定的：那就是和平时期的兵蚁不仅仅是肌肉更发达的高端蚂蚁。

当我们把工具插进巢穴的入口，挖掘巢穴并“绑架”蚁后时，我们就会和这些小小的防御力量面对面。我相信你会理解，尽管我们这群人的身型大小各不相同，对科学的好奇心也各不相同，我们还是很乐意恭敬地拿起我们的锹、铲子和刀具。至于未来，那就顺其自然吧。

打包带走

可以理解的是，当我们挖出蚂蚁的巢穴时，它们并不愉快。我必须承认，我们对此也并不特别在意。

当寻找那些如橡子般大小的藏有小蚂蚁的巢穴时，我们会花上好几个小时用锋利的小刀切开橡子、坚果和细树枝，看看它们是否已被蚂蚁占领。我们有时会不小心切到工蚁甚至蚁后。偶尔有人会不慎割伤手指，这就是为什么在为期一周的探险结束后，你会发现有一半的团队成员贴着五颜六色的创可贴。有时，我们会等着一棵大树被砍倒，然后抓住机会收集在这棵巨大的老树上建立已有数十年之久的所有巢穴。

在收集生活在岩石缝隙或平坦地面巢穴中的蚂蚁时，我们采用了一种不同的方法，根据真空吸尘器的工作原理，我们把两根塑料管插入一个塞子，再把塞子固定在一个小的收集玻璃瓶上，这个精巧的装置被称为抽吸器。为了捕捉蚂蚁，你需要把其中一根管子的一端放在蚂蚁上方，然后用力吸另一根管子（即吸气管），蚂蚁就会从置于它上方的管子进入瓶中。吸气管插进塞子的一端需要包裹上一层细网，这样可以防止你意外吞下蚂蚁——前提是你没有忘记把它包上，要知道这种事情的确时有发生。在某些文化中，蚂蚁可能是一道很受欢迎的菜肴，但我可以向你保证，根据我们的经验，它们并非适合所有人的口味。

当研究人员渴望的目标深藏在地下时，工作总是特别的累人。我们只能依靠铁铲、铁锹和肌肉的力量。在美国的亚利桑那州，我们花了几个小时挖掘一群短头悍蚁（*Polyergus breviceps*）。我们挖得筋疲力尽，浑身是汗，终于在约 1.5 米深的地方找到了巢室和唯一的蚁后。我们只需要再多挥一下铁铲，就能把它挖出来。但是，要么是我们太笨了，要么就是我们太累了，铲子铲偏了——把蚁后劈成了两半。一番痛惜自责之后，我们还是决定把这个蚁群带走。尽管没有蚁后，无法产生新的工蚁，但我们知道，是我们自己的运气不好和操作不当，注定了它的毁灭。

当挖出大型蚁群时，我们会将它们铲起来并直接放进巨大的塑料桶和存储桶里。为了防止蚂蚁逃跑，我们在桶口边缘涂上超滑的特氟龙（聚四氟乙烯）。保险起见，在运输过程中，我们还会用合适的盖子将容器密封起来。否则，在回家的路上小腿被叮咬或螫伤，会让人非常恼火和分心。

一小群蚂蚁只需要一个装满落叶的塑料袋和一张湿纸巾，就能在旅途中安然度过，不至于干死。在食物方面，我们提供了饼干和金枪鱼，蚂蚁欣然接受了，仿佛它们从未发现所在之处有何不同。以这样的保存方式，它们可以在我们住处的冰箱里完好无损地存活两到三周。一次旅行我们可以收集超过1 000个袋装蚁群，所以我们总是要确保我们的住所配备有非常大的冰箱。有一次，在密歇根州，我没有预料到房东会在我们还住在那儿的时候使用这套公寓。他从超市回来，打开冰箱，发现面前有几百个蚁群，感到非常惊讶。但他幽默地接受了，把一些袋子挪到一边，腾出地方来放他的牛奶。

被螫、被咬与乐趣

经过一天疲惫的旅行或一晚上艰苦的收集工作后，终于是时候回到我们的住处了。如果我们幸运的话，住处会是一个永久的野外工作站，拥有所有常见的舒适设施，比如装备齐全的厨房、电力系统、自来水、淋浴间，甚至还有互联网。尽管如此，有时我们不得不忍受简陋的小屋和户外厕所。这个领域的研究可能听起来很浪漫，但有时候实在是太糟糕了——甚至还散发着“恶臭”。

用餐更是一场全新的冒险。我们经常自己做饭，得益于团队的国际化背景，烹饪过程充满乐趣。米饭、鱼和新鲜芒果都非常美味，尽管秘鲁早餐的生鱼沙拉需要一些时间才能适应。

然而，在这几周的研究之旅中，你永远不会习惯的那些不受欢迎的“室友”出现在你的床单上。在马来西亚的时候，我巧妙地在床上支起一顶蚊帐，以防止蚊子叮咬，并且成功地把那些嗡嗡的“吸血鬼”挡在了帐外。然而，我没有意识到的是，森林里的老鼠把我的蚊帐当作好用的攀爬架，直到半夜，当这种生物精致的小爪子在我脸上划过的时候，我才注意到这件事。老鼠并不是特例！在马来西亚，有生活在陆地上的旱蚂蟥，当你蹲在热带雨林的灌木丛里，痴迷于观赏一队蚂蚁大军的突袭时，你或许就能遇到这些旱蚂蟥。不过，它们的叮咬几乎是无痛的，所以你不会立刻注意到它们。

一天早上，我惊讶地发现我当睡衣穿的 T 恤上有血渍，这些血渍原来是旱蚂蟥附着在我皮肤上导致的。第二天晚上，当我上床睡觉时，我注意到森林里的老鼠在布料上沾有血渍的地方咬出了几个洞。从那以后，我每天晚上都会非常细致地整理我的蚊帐，并把蚊帐的底部塞在床垫下，然后在睡觉前还要彻底检查是否有饥饿的旱蚂蟥。

但对我来说，还是没有什么比置身于大自然中寻找蚂蚁更好的事情了。

第二章

一个蚁群的诞生

一只年轻的变色顶切叶蚁（*Acromyrmex versicolor*）的蚁后正带着它的第一批卵和幼虫建立一个新的蚁群。

如果说有谁适用于“我就是国家”这句话，那就是蚁后。蚁后就是蚁群的过去、现在和未来。它建立了蚁群，孕育了蚁群里所有的工蚁、雄蚁和年轻的蚁后。一旦它死了，这个蚁群通常很快就会灭亡。为了创建自己的“国家”，蚁后所要做的就是走出家门。

“女王”的少女时代

蚁后通常是后天养成的，而不是天生的。除了少数例外，基因很少在这个过程中起作用。巢穴里的“保姆”严格遵循着培养处女蚁后（我们这样称呼它们）的秘诀。以暗足蚁（*Formica obscuripes*）为例，首先，它们会选择一颗在寒冷温度下休眠期结束时产下的卵。这一选择过程不会发生在夏季产的卵上，其原因至今仍是科学上的一个谜，但这似乎没有给蚂蚁带来太多困扰。但找到合适的卵只是开始，“保姆”还必须给蚁后幼虫喂食特殊的食物。这些食物必须是丰富且营养价值高的。如果一只红褐林蚁（*Formica rufa*）的“公主”在幼虫时期的头三天内就被赐予了这种营养混合物，那么恭喜它，它已经踏上了成为一个前途无量的年轻“女王”的道路。有朝一日，它会像它的众多姐妹一样成为蚁后。

当涉及继承顺序时，蚂蚁不喜欢“把所有的鸡蛋放在一个篮子里”，因为这样做的风险很大。从没有合适的雄蚁或交配失败，到附近没有合适的地方筑巢，甚至是与啄木鸟等捕食者的致命相遇（啄木鸟以营养丰富的处女蚁后为食）——这里满是失败和早亡的风险。据估计，每一万只处女蚁后中只有一只能成功建立一个新的蚁群。

年轻的处女蚁后起初对此一无所知。它们在体型上要比工蚁姐妹们大得多，而且不需要工作。它们的背上长有两对翅膀。然而，要等到北美6月至7月间一个足够温暖的日子，这些翅膀的作用才会显现出来。

当这一刻到来的时候，整个巢穴会被一种奇怪的不安所笼罩，这与平时在巢穴中所见的任何景象都不同。一种与生俱来的冲动迫使年

处女蚁后只有在繁殖季节才会离开巢穴，婚飞之后它们会褪去翅膀，然后全身心地专注于产卵。

轻的处女蚁后和雄蚁飞向巢穴的出口。其他任何想要跟随这一召唤的蚂蚁都被好斗的工蚁阻拦下来。只有在收到一个秘密信号之后，某一特定物种的所有巢穴才会同时打开大门释放这些处女蚁后和雄蚁。它们漫无目的地四处游荡，最后飞上天空，开始婚飞。

夏季婚飞的时间取决于蚂蚁的种类。尼氏切胸蚁（*Temnothorax nylanderi*）会在日落前 2 小时飞出，而单带切胸蚁（*Temnothorax unifasciatus*）则喜欢在黎明时分聚集成群。这些不同的婚飞时间避免了来自不同物种的雄蚁和处女蚁后之间的杂交。而有些蚂蚁根本不离开巢穴：新婚之夜，年轻的行军蚁处女蚁后会安全地待在家中，静候自己的伴侣。

婚飞中的舞蹈编排和交配习惯也因物种而异。一些年轻的“单身汉”会成群结队地四处活动，从远处看就像乌云一样。如果一只年轻的处女蚁后碰上其中一群，它会迅速陷入一场盛大的狂欢。少数种类的处女蚁后更喜欢坚实的地面。它们会寻找一个浪漫的地方，并释放出性信息素，这是一种任何雄蚁都无法抗拒的气味信号。年轻的处女蚁后可以与少则一只，多则十来只雄蚁进行交配，但仅此一次。一旦婚飞结束，处女蚁后会成为真正的蚁后，它们这一生和雄蚁的交配也就结束了。

这就是为什么处女蚁后在婚飞时会勤勉地收集尽可能多的精子，并将它们储存在一个被称为储精囊的特殊囊袋中。储精囊可以容纳数亿个精子细胞。在接下来的10年、20年或30年的生命中，一些蚁后可能会产下多达1.5亿个后代。储精囊中三分之一到一半的精子会使卵子受精，从而为孕育出下一代蚂蚁作出贡献。蚂蚁的精子与卵子结

和多数其他蚂蚁一样，异色前结蚁（*Prenolepis imparis*）的处女蚁后（左）会通过婚飞的方式和雄蚁（右）进行交配。

合的成功率要比人类高得多，因为每2.5亿个人类精子中只有一个能成功与卵子结合。此外，人类精子在产生后只有大约一个月的保质期，而储存在蚁后储精囊中的精子却可以存活数十年。

一旦太阳开始沉入地平线，婚飞就结束了。在交配完成后，这数以百万计的未来的母亲（蚁后）和父亲（雄蚁）彼此之间似乎并没有倾诉的欲望。毕竟，等待着它们的将是截然不同的命运。

飞舞的“精子袋”

简而言之，几乎所有的雄蚁在交配后不久便会死亡。它们的生命只服务于一个目的：将含有其自身遗传物质的精子从一个蚁群运送到所属同一物种的另一个蚁群的蚁后那里。雄蚁只不过是一个个飞舞的“精子袋”，也是迄今为止在一个组织完美的母系社会中最乏味的蚂蚁。

由于雄蚁只是作为一种生殖传递服务而存在，所以蚂蚁不会在它们的雄蚁身上投入太多资源。它们甚至比不上蚁后在交配过程中获得的一个精子。不过话说回来，至少雄蚁不需要工作。它们不断进食，不断生长，直到长得又大又壮，然后开始婚飞，输送精子，接着倒地而亡。随后，它们的尸体被最先发现的蚂蚁带回巢穴，并很快被当作零食吃掉。这就是雄蚁的生命历程。当然，也存在一些有趣的例外。

心结蚁属（*Cardiocondyla*）的蚂蚁生活在热带和亚热带地区，其中有一些种类已经演化出第二种雄蚁。这些雄蚁没有翅膀，也没有在第一次交配后就死去的意愿。这些“反叛者”留在巢穴里与它们的兄弟兼对手作战，一些还会在巢穴内捍卫一小块领地。当一场战斗爆发时，可能会有一只好战的无翅雄蚁输掉，但这是值得的：任何一只在自己的领地上邂逅处女蚁后的无翅雄蚁——如果有点小运气的话——都能够与处女蚁后交配，甚至在交配之后还能继续活下来。一只无翅雄蚁可以交配 50 次以上，并不断产生新的精子，这是它的飞行表亲们所没有的特权。

在食物充足的好光景里，心结蚁属的处女蚁后更喜欢和这些没

尽管大多数雄蚁的唯一任务就是在婚飞之旅中与处女蚁后交配，但心结蚁属的一些好战的无翅雄蚁通常能活好几个月，并与处女蚁后交配数十次。它们也经常为了获取与处女蚁后的交配权而大打出手，甚至不惜为此冒生命危险。

有翅膀的“硬汉”交配，这就完全避免了婚飞。在安全的巢穴中交配比冒险外出要安全得多。它们宁愿待在巢穴中，与它们的一个兄弟交配，并让它们的母亲宣布它们为共同的“女王”。最终，当产卵的蚁后的数量过多，蚁群的生活变得有些拥挤时，其中一只蚁后会聚集它的随从，在附近的其他地方定居下来。然而，当蚁群发现食物仅够勉强糊口时，年轻的处女蚁后会忽略这些好斗的“懒汉”。对它们来说，最好还是去别处碰碰运气，寻找一个更好的家。交配后，蚁后最需要的就是运气！

“女王”的命运

欢愉之后，蚁后的下一个任务就是工作，这就是为什么蚁后会在交配后建立自己的蚁群。在交配的地方安家并不是个好主意，所以蚁后会飞得更远一些，降落在一个新的地方，这里注定是它的新家，或者是它的坟墓。大多数蚁后在选择自己的领地方面没有什么天赋，尤其是在寻找合适领地本身就非常困难的情况下。城市里的小路、广场和道路意味着没有松散的底土可供它们挖掘，水体也不能提供良好的着陆点。任何在这些地方停留的尝试很快就会被证明是愚蠢的。各种饥饿的蜘蛛、蜥蜴、蟾蜍和不熟悉的蚂蚁可能都在伺机而动，等着捕食那些疲惫不堪的蚁后，将它们当作一顿美味的佳肴。如果蚁后在这次危险的飞行中幸存下来，并设法不被淹死、吃掉或踩到，它的飞行生涯很快就会结束，之后它很快地折断或咬掉自己的翅膀。因为翅膀只会成为它们未来的麻烦。

新蚁群的蚁后在交配后需要尽快找到一个家。蚁后有三种选择：一是自己努力建造一个新的巢穴；二是加入一个现有的同类蚂蚁的蚁群；三是成为一个不同种类蚂蚁巢穴的寄居者，并逐渐取得所寄居蚁群的控制权。蚁后最终的选择取决于其物种的典型性格以及摆在眼前的机遇。但不管哪种选择，每种都有其不同风险。

找到你理想的家

建造一个新的巢穴无疑是最累的选择。首先，蚁后必须找到一个小“避难所”。它并不挑剔，像任何真正的拓荒者一样，它对任何一个有遮蔽的小角落都很满意，无论是树洞还是岩石下。如果找不到这样的地方，它就必须自己挖一个洞，或者在木头上啃出一个洞。在它小小的藏身之处，也就是所谓的隐居室里，蚁后可以相当安全地远离捕食者，并专注于生产它的第一批卵。

勇敢的“开国女王”有一个劣势，那就是无法获得一个成熟蚁群所需的资源和基础设施。没有成员照顾卵，也没有成员喂养它和幼虫。在最初的日子里，它必须依靠之前储备的脂肪来维持营养。它还会分解无用的飞行肌和一部分脑来喂养自己和它的第一批幼虫。这些储备对大多数种类的蚂蚁来说是足够的，可以让蚁后在创建阶段的几周或几个月里待在它的隐居室内，这就是为什么我们把这种建立蚁群的策略称为隐居型蚁群创建。然而，一些种类的蚁后没有足够的营养储备，所以被迫不时地离开它们的藏身之处去寻找食物，这就是所谓的半隐居型蚁群创建。所有这些外出寻找食物的行为都很危险：蚁后可能会在外面受到各种伤害，或者一个饥饿的同类可能会发现无助的幼虫并吞掉它们。当供应不足时，蚁后很乐意牺牲一些自己的卵或幼虫来喂养其他的成员，幼虫偶尔也会互相啃咬。对于同类相食这件事，蚂蚁表现得相当泰然。

当储备食物或补给快耗尽时，蚁后会生产一些异常小的工蚁，称为最小工蚁。从这一刻起，蚁群的责任就落在了它们小小的个体上，蚁后则回归它一生的使命——产卵。最小工蚁确实尽了自己最大的努力，但在工作中它们表现得非常小心谨慎。与它们后来的兄弟姐妹不同，它们不能表现出太多鲁莽逞能的举动，因为它们的数量太少了，每只最小工蚁都对整个蚁群的生存至关重要。

当一个新的蚁群是由几个年轻的蚁后联合创建的，而不是由一个孤零零的蚁后独自建立的话，工作量就会少得多，风险也会减小许多。一开始，这种团队运转得出奇的好。然而，就像室友之间经常发生的情况一样，一旦一切都按计划进行，有了一种例行公事的感觉，团队崩溃的风险就变大了。一旦第一批工蚁就位，蚁后就会变得暴躁并开始互相攻击。只有在极为罕见的情况下，像这样共同创建的蚁群才会发展成由几个彼此没有亲缘关系的蚁后共同领导的蚁群。这在蚂蚁的社会形态中被称为多后制。然而，建群蚁后几乎总是会卷入争斗，因为它们每一个都想成为蚁群中唯一的“女王”。赢得这样的斗争符合它们的利益，而失败者通常会付出相当大的代价，如果它们没有因伤致死，它们自己的女儿——工蚁甚至会很乐意结束它们的生命。

一只刚羽化的长刺切胸蚁（*Temnothorax longispinosus*）的工蚁（左）正在帮助蚁后（右）照顾幼虫和蛹。

“妈妈的旅馆”

面对这样的困难，许多种类的蚁后选择留宿在“妈妈的旅馆”中，它们在婚飞结束后直接返回自己的巢穴。红褐林蚁在寻找“恋爱对象”时，往往不会离开自己成长的巢穴太远。所以，它们在寻找“庇护所”的时候往往会遇到正忙于其他活动的工蚁姐妹。这时，工蚁会认出自己的蚁后姐妹并把它们带回巢穴。有时，年轻的蚁后能足够幸运地被另一个巢穴的工蚁收养，而不是被杀死。然而，这只适用于实行多后制的物种。如果新蚁后被接纳，那么它的生活将会很轻松。它只需要专注于产卵，巢穴内所有其他事务均由工蚁承担。但这种安排对无私的工蚁来说并不公平，因为蚁群中的蚁后并不都是它们的母亲，工蚁也不都是它们的姐妹。这从生物学演化的角度提出了一个问题：许多工蚁仍然与蚁后存在亲缘关系，但部分个体却没有。“妈妈的旅馆”往往变成了“妈妈的村庄”。

在某个时候，这个“村庄”将面临崩溃的威胁。大量的蚁后会繁衍出更大数量的工蚁，这些工蚁需要更多的空间和食物。它们周围环境中的食物很快就被啃噬一光，蚂蚁寻找食物的距离也越来越远。是时候让一些蚁后和蚁群的一部分工蚁搬出去，在较远的地方建立新的巢穴了。因为它们都不会飞，所以只能步行前往新的巢穴。这个新的巢穴比蚁后婚飞后建立的巢穴更靠近主巢穴，竞争也更加激烈，但蚁后可以带上整个“家庭”，包括不同年龄的工蚁、幼虫和卵。如果它发现自己遗漏了什么，那也不会造成灾难性后果。子蚁群通常与母蚁群紧密相连，这样工蚁就可以自由出入各个巢穴而不会遇到麻烦。这些巢穴一起形成了所谓的超级蚁群。这就是为什么红褐林蚁大多生活在几个蚁丘彼此靠近的蚁群中。森林边缘掌握在一个名副其实的“王朝”手中。

相较于实行单后制的蚁群，实行多后制的蚁群和超级蚁群的最大优势在于，它们能使蚁群近乎永续。当一个蚁后的生命走到尽头时，总会有其他蚁后来接替它的位置。如果其中一个巢穴被摧毁，幸存的工蚁和蚁后可以在蚁群的其他分支中寻找新的“家园”。相比之下，一旦蚁后死亡，实行单后制的蚁群就会瓦解。这再一次证明，蚂蚁真正地是从蚁群中汲取力量。

你的家就是我的家

但是，如果蚁后刚刚完成交配，不想承受建立一个新巢穴的辛劳和风险，但又找不到回旧巢穴的路，它该怎么办呢？在这种情况下，林蚁和其他种类的蚂蚁发展出了一种非常危险且特别令人发指的策略：攫取其他种类蚂蚁的巢穴和工蚁。为实现这场充满敌意的接管，入侵的蚁后需要在接管中伪装自己，以“卧底”身份进入巢穴，以确保自己不会被误认为是猎物而被吃掉。为了达到这个目的，它从巢穴材料或宿主工蚁那偷取目标蚁群的气味化学物质，这实际上给了它进入目标蚁群的“自由通行证”。它溜进巢穴，试图强行进入现任蚁后居住的中央巢室。接下来是一场堪比《狂野西部》的对决，可能有几种不同的结局。最常见的是入侵蚁后直接杀死现任蚁后；部分案例中，入侵蚁后只是“废黜”了现任蚁后，并诱导宿主工蚁杀死它；极少数情况下，现任蚁后会更快刺伤它的敌手，或将其扔给它的工蚁当“零食”。不管怎样，这无疑是一件血腥的事情——大多数时候都是如此。

毛蚁属（*Lasius*）的蚂蚁却采用了一种更为微妙的劫持方式。它们会寻找没有蚁后的巢穴，比如那些蚁后已因年老而去世的巢穴。黑得发亮的亮毛蚁（*Lasius fuliginosus*）会接管属于黄色的遮盖毛蚁（*Lasius umbratus*）的巢穴,而遮盖毛蚁喜欢抢占黑毛蚁（*Lasius niger*）或褐毛蚁（*Lasius brunneus*）的巢穴。是的，这的确有点令人费解——尤其是在过渡时期，当这两个物种的工蚁在同一个巢穴中一起生活和工作的时候。

在成功占领一个巢穴后，入侵蚁后的长期目标是建立自己的蚁群。宿主工蚁只能通过照顾入侵蚁后的幼虫和提供食物艰难度日。渐渐地，这些宿主工蚁相继死亡，取而代之的是入侵蚁后繁衍的新工蚁。在过渡阶段，你会遇到分工混合的巢穴，通常是年长的宿主工蚁负责收集食物，而入侵蚁后新生的年轻工蚁则在巢穴内工作。科学家将这种现象称为“暂时性社会寄生”。它是“暂时的”，因为受害者只是暂时被利用（因为它们最终都会死亡）；而“社会寄生”是指入侵蚁后无情地利用了蚂蚁固有的社会行为。

无论入侵蚁后采取何种方式建立自己的蚁群，最终，当巢穴内的权力更迭完成后，它会在女儿们的簇拥下，正式开始行使治理帝国的王权……

但是，真的是这样吗？

第三章

有效的
自组织状态

队列细颚猛蚁异色亚种（*Leptogenys processionalis distinguenda*）是一种会排成队列行军的蚂蚁，每隔几个月就会搬一次巢穴。搬迁时，它们除了会带上它们的幼虫和蛹（左），偶尔也会把一些“客人”——比如蜗牛（右）带到新巢穴。

如果一个大的群体要运作，就必须有人拥有最终决定权。在学校里，是老师；在工作中，是老板；在一个国家里，是元首、首相或总理。当人类开始对蚂蚁的生活表现出兴趣时，国王仍处于等级制度的顶端。他们的统治是绝对的，他们的话就是法律，他们的臣民按照其意愿建造城市、收割庄稼、发动战争。正如早期研究人员欣喜发现的那样，蚂蚁在由蚁后统治时也是如此。这是多么美妙的类比，多么神奇地证明了君主制与生俱来的本质啊……但这真是一个巨大的错误。

当然，乍一看，人和蚂蚁之间存在着明显的相似之处。蚂蚁的能力确实令人震惊：它们以群体形式生存，其中一些蚁群的工蚁数量比丹麦等国家的人口还多。蚁群为每只蚂蚁提供足够的食物、清理垃圾，并调节巢穴内的温度，确保没有蚂蚁觉得太热或太冷。而为了达到同样的目的，人类需要有人负责指挥，发布命令，并密切关注整个过程。这种差异或许解释了为何我们需要领导者——无论其头衔是首领、国王还是皇帝。

另一方面，蚂蚁则在没有领导者的情况下完成了所有任务。它们所谓的“女王”在蚁群内没有真正的决策权。它基本上是一个全职妈妈，是蚁群的“产卵机器”。毕竟，这就是蚁后的职责。它日复一日做的事情就是进食和产卵。从它建立起自己的蚁群的那一刻起，生活就变得索然无味。实际上，真正拥有发言权的是它众多的女儿——工蚁。因此，在蚁群内部看到的组织形式与其说是绝对的君主制，不如说是民主制。尽管这种模式看似民主，但其底层始终潜藏着自组织状态的风险。

需要拥有 1 000 张“床位”和“厨房”的“套房”

为了研究蚂蚁是如何做决策的，我们将详细研究任何蚁群都必须应对的最大后勤挑战：重新安置蚁群。

蚁群搬迁可能由多种因素触发：生活在森林地面小树枝或橡子中的蚁群，可能因巢穴自然垮塌或被鹿、熊等动物意外踩踏而被迫搬迁；也可能因蚁群规模扩张，从而需要更大的居住空间；或是因它们已经吃光了附近所有的食物，需要转移到其他地方寻找更多的食物——行军蚁便是典型的例证。此外，天敌入侵或人类研究活动的干扰也可能成为蚁群搬迁的诱因。

不管是什么原因引发了搬迁，蚁群都要面临一个巨大的工程，以大型蚁群为例，其搬迁复杂度堪比搬迁像东京这样的超大城市。在开始这项艰巨的任务之前，蚁群必须首先紧急评估一下当地的“房地产市场”。

一些潜在的“买家”——“侦察兵”们开始行动了，它们检查每一个可用的角落和缝隙，以确定哪一个适合它们的蚁群。它们对新巢穴的要求清单很长：第一，它必须步行就能到达，因为工蚁不能飞行；第二，它必须足够大，可以容纳整个蚁群，并能保护蚂蚁免受捕食者和恶劣天气的侵害；第三，它必须由可以拆卸和重新安装的材料制成；第四，即使在旱季，它必须能提供宜人的湿度，但在雨季时又不会变得湿漉漉的；第五，它必须能让蚂蚁在冬天御寒而在夏天不被烤得酷热难耐。

当这些“侦察兵”碰巧发现一个合适的地点时，它们会进行广泛的调查。它们多次进出这个潜在的巢穴，检查每一寸空间。这种调查可持续长达一个小时。在此之后，“侦察兵”才会做出决定。尽管它们只是蚁群中很小的一部分，但这一切都取决于它们的本能、经验，甚至可能是它们的品位。决策过程完全由“侦察兵”独立完成，没有外部指令或干预。无论是工蚁姐妹还是蚁后，均不参与其中。

对于一只蚂蚁的脑来说，要处理这么多的事情实在是太难了。

六条腿的“电脑”

蚂蚁确实有脑，但其体积微小——某些种类的蚂蚁脑体积不足1立方厘米的四万分之一，重量只有百万分之几克，大约由25万个神经细胞组成。然而，研究蚂蚁脑的真正挑战在于如何解剖它们。

解剖蚂蚁的脑需要极其精细的工具与耐心。首先，你要把剃须刀片掰成两半，将其中一半绑在手术刀柄上。然后将蚂蚁斩首——如果我们相信约瑟夫·伊格纳斯·吉约坦（Joseph-Ignace Guillotin）博士的话，这将是一种愉悦的死亡方式。吉约坦博士并没有以他的姓氏命名死刑刑具——断头台（guillotine），而是在法国大革命期间出于人道主义理由建议在对犯人执行死刑时使用这种刑具，他说：“受害者只会感到一股清凉的寒意。”但蚂蚁的头实在是太小了，难以直接操作，因此你需要把它放入液态蜡中，并让其在冰上的解剖盘中凝固。

现在，轮到棘手的部分了。你要在蚂蚁头部坚硬的外骨骼，也就是角质层上切三刀。被切开的部分会像翻盖一样呈现在你面前，你必须小心地打开它。现在你就可以看到脑了。蚂蚁的脑位于口下囊的上部，科学上称为食道上神经节。尽管体积很小，脑却可以分成几个不同的中心，分别负责执行特定的任务。来自触角的信号会被传送到触角叶和背叶中，来自眼睛的视觉信号则被传送到视叶中。在核心部分特别是蘑菇体中，事情变得非常有趣。之所以叫蘑菇体，是因为在显微镜下它们看起来就像戴着帽子的蘑菇。这里是蚂蚁的脑处理传入信息的地方，还负责储存对其主人一生有用的经验。你没有太多时间去仔细观察所有的东西，因为 RNA（核糖核酸）分子很敏感，如果你的动作不够快，它们就会分解，这意味着你所有的工作都将付之东流。因此，你需要把绑有刀片的手术刀换成一把超细镊子，小心翼翼地把脑从周围的组织中剥离开来，然后将其从头部取出。

瞧！你已经取出了第一个蚂蚁脑。现在你所要做的就是重复这个过程几十次，直到有足够的材料供你研究。

基因的智慧

蚂蚁脑的大小不仅取决于蚂蚁的种类和品级，还与蚂蚁的主要工作内容有着奇妙的联系。可能和你想象的不一样，蚁后的脑并不是很大。它们一旦建立了自己的巢穴，第一批工蚁开始工作，蚁后就会经历一种严重的智力退化。因为自此之后，蚁后唯一的任务就是产卵，所有不再需要的脑功能区域都会萎缩，这包括飞行控制、觅食和照顾幼虫的中心。因此，说蚁后不再需要从事其他工作并不完全正确——事实上，它现在是由于太笨而根本没办法从事其他工作。

对于工蚁来说，情况就不一样了。工蚁一生都在不断积累经验，积累的经验如此之多，以至于在某些种类中，会留下解剖学上的可观测差异。育儿室里年轻工蚁的蘑菇体非常小，因为它们除了知道蚁后、卵、幼虫、蛹以及巢穴内部环境，其他都一无所知。相比之下，在巢穴外工作的有经验的工蚁，则需要经常记忆通向食物资源的路径，因此它们的蘑菇体要大得多。

解剖学上的差异并不足以让我们理解蚂蚁为什么会做出各自特定的行为。相反，我们需要研究蚂蚁在它们的英年早逝前不久正在做什么，以及在它们被斩首时哪些基因处于活跃状态。每只工蚁都拥有完成一系列工作所需的全部遗传物质，但它只使用它在特定时间内所需要的那部分。它们以 RNA 分子的形式制作这些基因的副本，然后我们用生化方法将其分离出来，并通过它们的结构来识别。将从事各种工作的工蚁与其所伴随的 RNA 混合物进行比较，我们就能知道哪些基因负责控制哪些特定的行为。这种方法使我们能够证明，从事幼虫照看工作的工蚁表现出一种特别活跃的卵黄蛋白原样 A（Vitellogenin-like A）基因。如果我们降低这种基因的活性，它们就会突然对幼虫和蛹失去兴趣，转而开始照顾与它们同巢的成年蚂蚁。显然，卵黄蛋白原样 A 基因在任务分配中扮演着重要的角色。

你们都是独立的个体

在蘑菇体和其他有不同基因活动的中心里，以不同方式相互连接的神经细胞的组合，产生了一种想必很少有人会相信蚂蚁所拥有的特质：它们都有不同的个性。

经过一段特别艰辛的研究后，我的一个博士生伊夫林·容格皮尔（Evelien Jongepier）准确地证明了这一点。她“采访”了来自纽约北部的102个长刺切胸蚁蚁群的3 842只蚂蚁，以确定它们的职业偏好。为了做到这一点，她把每只蚂蚁逐一放在需要帮助的蛹或来自其他蚁群的死亡蚂蚁面前，以引出育雏行为或激起防御性反应。如果蚂蚁是我们人类有时认为的那种无脑的机器人，那么每只蚂蚁都应该机械地做出对应的反应，照顾蛹或攻击入侵的蚂蚁。但蚂蚁并没有都做出像伊夫林预测的那样的反应。一些蚂蚁甚至没有想过自己会被拉去执行特定的任务。有些蚂蚁专注于照顾蛹但不愿卷入与外来蚂蚁的战斗中。另外一些则扑向它们的敌人，根本不顾及那些无助的蛹。还有一些既不关注蛹也不理睬敌方蚂蚁，无所作为。不同的基因活动预先决定了蚂蚁会对哪种刺激做出反应。

通过观察无性系的掠食者毕氏卵角蚁（*Ooceraea biroi*），证明了个体经验的重要性。这种蚂蚁是食肉动物，它们经常强行闯入其他种类蚂蚁的巢穴，以其幼虫为食。在实验室里，如果一群蚂蚁被阻止捕食其他蚂蚁，它们最终会放弃自己的狩猎行动，转而专注于照顾幼虫。而在对照组中，蚂蚁的狩猎行动没有受到干扰，它们会因为成功而变得胆大妄为，并获取更多的食物。因此，即使是蚂蚁，也会因为缺乏成功而感到沮丧，并选择更换工作。不过，毋庸置疑的是，蚂蚁并不是毫无思考能力的六足“机器人”，它们确实拥有自己的喜恶。

然而，我们不能就此认为蚂蚁具有自由意志。虽然每只蚂蚁可能都发展出了自己的个性，但没有一只蚂蚁会思考生命的意义，或者思考它是否应该把这一天花在觅食或改善巢穴上。它们行为上的差异源于上述的生物机制，这些机制在很大程度上决定了蚂蚁的性格。

让我们搬迁吧

在决定一个地点是否适合建立新的巢穴时，我们在本章开头提到的“侦察兵”依靠的是它所属品级的遗传特性、年龄，以及它自己的个体经验。如果它认为这个地点不符合它的设想，它就会离开，去寻找一个更适合的地点。但如果它认为在这里适合它的蚁群建造一个良好的新巢穴，它就会直接返回巢穴去寻求其他成员的意见。

单独的一只工蚁要负责回答一个如此困难的问题，而且这个问题会影响到整个蚁群的命运，这当然不一般。然而，这并不意味着它的所有姐妹都会有同样的看法。在此期间，其他“侦察兵”可能已经发现了另一个合适的地点。因此，在做出是否接受新地点的决定之前，会有几名“专家”被派去检查。“侦察兵”利用气味痕迹，以类似于个人邀请的方式，把它们的同伴吸引到它们选择的地点。一旦到了那里，每只蚂蚁都会仔细检查该地点，就像是它自己发现的一样，并做出自己的判断。如果它喜欢这个地点，它就会招募其他“专家”，以至于这样一个有吸引力的地点很快就会有越来越多的“追随者”。

“侦察兵”一般不会检查每一个潜在的筑巢地点。事实上，绝大多数“侦察兵”只检查一个地点，只有一小部分会比较两个或两个以上的地点。但是，一旦热情“粉丝”的数量超过了一定的水平，整个蚁群的“委员会”就会做出决定：这就是我们的新巢穴！所需的投票数取决于此次行动的迫切性。如果旧的巢穴已经损坏，或者敌对的蚂蚁正在威胁蚁后和幼虫，蚂蚁就会把决定权留给少数几只工蚁。然而，如果不着急，它们将更加挑剔，会比较几个潜在的筑巢地点，直到做出最终决定。

这时蚂蚁的搬迁工作才真正开始。它们变身为“货运员”，将所有有价值的东西一件件地从旧巢穴运到新巢穴。它们利用强大的口器，不仅把卵、幼虫和蛹，还把它们的妹妹（指刚刚羽化为成虫，还没有完全恢复自主行动能力的个体，它们的基因活性还无法让它们在搬迁过程中发挥任何积极作用）一路运到它们未来的巢穴。某些种类的蚂蚁通过这种方式运输时会采用特定的姿势：将腹部、触角和腿收在一起，使自己像小行李箱一样便于携带。小型蚁群的搬迁通常一步到位。而生活在更复杂巢穴中的大型蚁群，比如切叶蚁，需要花费数周时间才能完成搬迁。它们会开辟专门的小径，形成连续的运输链。第一批到达的工蚁开始“装修”这个新巢穴：挖掘走廊和巢室，确保巢穴为蚁群的迁入做好了充分的准备。蚁后本尊通常会在强大的“保镖”护卫下步行前往它未来的巢穴。这是它第一次看到新巢穴，但其在选择或布置方面没有发言权——这一权力完全由工蚁掌控。

选择性亲密关系

搬迁只是蚂蚁众多活动中的一个例子，在这些活动中，蚁后充其量只是一个被动的参与者。尽管它有这样的头衔，但它不发号施令，也没有至高无上的权力可以行使。它的工蚁制定并执行大大小小的决策——在某种程度上这种方式是分散的、民主的，但其效率通常极高。当工蚁里里外外忙碌时，蚁后只是窝在巢室里，对蚁群正在发生的事情一无所知。

但还有更糟的。蚁后不仅在自己的王国里是个“无名小卒”，还

并非每只工蚁都知道新巢穴的位置，轻车熟路的姐妹会像这只二色箭蚁（*Cataglyphis bicolor*）一样将它们带到新的家园。

受到工蚁的控制。这在只有一只蚁后且只与一只雄蚁交配的蚁群中尤为明显。要理解这一点，我们需要从遗传学的角度进行分析。尽管这一过程较为复杂，但我会尽量让我的解释简单易懂。如果你对这些细节不感兴趣，可以直接跳到本节的倒数第二段，从那里继续阅读。但请放心，本书的最后没有任何测试题！

雌蚁由受精卵发育而来，有自己的父母：母亲是蚁后，父亲是雄蚁。父母双方都将自己的一套基因副本传给了孩子，这意味着雌蚁拥有两套基因——在科学术语中，雌蚁因此被称为二倍体。基因的特定位置称为位点，而同一位点的不同基因版本被称为等位基因。以搅拌机为例，搅拌机代表基因，型号代表不同的等位基因。尽管功能相同，但不同型号在使用过程中可能会出现轻微的差异。蚁后的每个基因都有两个副本，而副本就代表了该基因的不同版本（等位基因）。假设它有一个特定基因的等位基因 A 和 B。

现在蚁后做了它最擅长的事情：产下一个卵子。此时这个卵子还没有受精，它继承了每个基因的一个副本，即两个等位基因中的一个。因此，卵子只携带等位基因 A 或 B。如果该卵子保持单倍体状态未受精，将发育为一只雄蚁。但大多数卵子都会受精，与蚁后储精囊中的精子融合。精子提供了一个来自雄蚁的等位基因，假定是 C。卵子和精子的融合可以产生两种不同的结果：AC 或 BC，其中 A 和 B 来自母亲（蚁后），C 来自父亲（雄蚁）。所以每个女儿都与自己的母亲有50% 的基因相似度。这一遗传规律适用于所有的基因。

这意味着两个姐妹之间的亲缘关系有两种极端的选择：它们两个都可以从母亲那里继承所有基因的不同等位基因，即便如此，它们在基因上仍然能有50% 的基因相似度，因为它们从父亲那里继承的等位基因是相同的；或者，它们从母亲那里继承了所有基因的相同等位基因，使得它们的基因100% 相同。几乎所有的姐妹都处于两者之间，平均基因相似度为75%，这使得它们彼此之间的亲缘关系比它们与母亲的亲缘关系更为密切。

那么儿子和兄弟呢？由于雄蚁是由未受精的卵子发育而成的，它们从母亲那里继承了所有的基因。无论雄蚁继承的是等位基因 A 还是 B，它都无法从父亲那里获得遗传物质——比如像等位基因 C 那样的例子，因为它们根本没有父亲。这意味着一只雄蚁可能与其姐妹最多共享50% 的等位基因，从而确保了最高50% 的基因相似度，而兄弟和姐妹也可能完全不共享任何等位基因，也就是说，尽管它们拥有同一个母亲，但它们的基因相似度却为0。平均而言，兄弟和姐妹之间的基因相似度通常为25%。

当然，蚂蚁不会通过分析来计算它们的亲缘关系。如果不考虑在演化过程中形成的亲缘选择机制，姐妹之间（75%）和工蚁与兄弟之间（25%）的不对称亲缘关系本质上并不会造成太大的问题。这一机制的理论认为，昆虫倾向于为基因相似度更高的同伴提供更大的自我牺牲支持，因为这确保了它们共有的等位基因能够传递给下一代。兄弟们就倒霉了！虽然蚁后更希望在女儿和儿子之间有一个平衡的比例，但许多种类蚂蚁的工蚁对姐妹的偏爱程度如此之高，以至于它们一点都不介意杀死“雄蚁”卵并把它们喂给雌性幼虫（这些幼虫主要发育成未来的工蚁或新蚁后）——这是巢穴内部的一场“宫廷斗争”。

蚁后甚至在它的专长领域——产卵方面，也被其群体牢牢地控制着。作为补偿，它会得到最好的食物，并使用特殊的气味信号——信息素（即外激素），以防止它的工蚁女儿生育自己的后代。在大多数蚂蚁物种中，这种垄断是蚁后独享的特权。

社区事务

但是，蚂蚁为什么要关心它们与同住一个巢穴的同伴之间的亲缘关系呢？现代生物学可以回答这个问题。生命经过数十亿年的演化，已经发展出特有的机制来确保自身积累的进化优势可以传递给后代。例如，细菌可能具有消化新糖原的能力，从而可以更快地生长和繁殖。根系较深的树也许能够接触到地下水，从而能在长期存在水资源竞争的地区茁壮成长。极乐鸟用自己艳丽的羽毛比竞争对手吸引更多的雌性，使它能够组建一个庞大的“后宫”。

基因是所有这些成功的核心，控制着新陈代谢、生长、外观和行为。如果一个基因能诱导生物繁殖，它就会被传递下去，并在下一代中获得新的机会。如果一个基因不能做到这一点，它就会很快地消失掉。最终，这一切都取决于基因是否能实现代代相传。但这恰恰给工蚁带来了一个问题：它们没有自己的后代。

工蚁用另一种策略来弥补它们生育能力的不足：和一些蜜蜂和胡蜂，以及裸鼹鼠和白蚁（termite）一样，蚂蚁也是真社会性动物。科学家将这一标签归于那些大多数个体放弃生育自己的后代，而是倾向于照料与自己关系密切的雌性（比如蚁后）后代的物种。狮子不是真社会性动物，因为狮群中的每一只母狮都会生育后代。红松鸡也不是真社会性动物，前一年孵出的年轻的雌红松鸡有时会帮助抚养后一年出生的弟弟和妹妹，但只有一代会参与其中。

不育的工蚁把它们的希望寄托在处女蚁后身上。正如我们所看到的，它们与处女蚁后以及其他所有姐妹共享75% 的基因——这比它们与自己的母亲共享的基因还要多。通过竭尽全力帮助处女蚁后建立一个新的蚁群，这些工蚁确保了自己的基因能够传递给下一代。

如果死亡来临，每只工蚁都可以依靠它的姐妹来照顾后代，这样它就可以不计后果，全身心地为蚁群服务。它会毫不犹豫地面对最可怕的敌人，冒着一切危险去寻找食物，甚至在蚁群饥饿的时候，自愿将自己作为食物献给姐妹们。由于蚁群会世代相传，蚂蚁才能够创建一个保护良好的巢穴，这是一只蚂蚁永远无法独自建造的。虽然每只蚂蚁单独看上去既小又弱，但整个蚁群却非常强大，能够自我保护。相比之下，独居的细腰蜂每年必须为它为数不多的卵建造一个小的新巢穴，当它外出觅食时，只得留下不受任何保护的卵。它必须“孤身一人”抵御外侵。如果细腰蜂死了，它的孩子也会死亡，它所有的努力都将付诸东流。如果你愿意过无性生活，那么成为真社会性生物可以为你带来巨大的优势。

可是，蚂蚁是如何想出这种不同寻常的巧妙策略的呢？

通往君主制的捷径

通往真社会性的道路是缓慢而微妙的。蚂蚁的祖先们也曾为了自己的生存和抚养后代而孤军奋战。但在某个时候，一些基因发生了变化，改变了它们的行为，随后也改变了它们的身体构造。我们仍然不知道到底发生了什么，但对不同种类的胡蜂和蜜蜂（蚂蚁会飞行的表亲）的研究，让我们可以直接观察到真社会性的某些发展阶段。正是在这里，我们发现了两条路径。

其中一条路径始于几个有生育能力的姐妹，它们共同在一个蚁群内建立了自己的家庭。每个母亲负责照顾和保护自己的孩子。直到第二个发展阶段，姐妹们才开始分担这些责任。在这个阶段，由于只有几只成虫，失去一只就会给整个蚁群带来巨大的风险。当其中一只雌性蚂蚁变得非常强势，能够阻止其他雌性蚂蚁繁殖后代时，这种风险就会降低。顺从的姐妹们失去了生育能力，但保留了它们的母性本能，致力于抚养它们年幼的外甥和外甥女。最终，蚁群代代相传，永久地留在同一个巢穴中，抚养蚁后的后代，成为一个名副其实的真社会性群体。

通往真社会性的第二条路径始于单身母亲和它的第一代女儿。母亲需要说服它的孩子留在巢穴内，帮助分担家务，包括照顾下一代的幼虫。这种安排对第一代女儿也有好处。由于它们的母亲大多时候不得不独自应对育幼任务，所以它无法很好地照顾第一代女儿。结果，这些女儿长得又小又弱，而且不太可能成功建立自己的巢穴。而通过加入“妈妈团队”，它们至少可以给与自己关系非常密切的、准备更充分的妹妹们一个放手一搏的机会。

在这两种情况下，工蚁的身体逐渐适应了新的环境，因为一个蚁群越能成功地建立和繁殖，工蚁就越能持续地适应新的生活方式。直到今天，每只工蚁都拥有与蚁后相同的基因，但其中的许多基因已不再为工蚁所需要，变得不活跃。例如，工蚁不需要翅膀，因为它不需要离开巢穴去寻找配偶。因此，在工蚁的一生中，翅膀基因将保持不活跃状态——尽管它们潜伏在工蚁的每一个细胞中。相比之下，负责照料幼虫的基因必须比独居昆虫更早地启动，因为独居昆虫通常首先关心的是寻找食物，然后才会产下后代并照顾它们。大量的基因开关必须被翻转或调整。大自然用了数千万年的时间进行试验，淘汰了错误的尝试，发展和保留了成功的尝试，直到最后，至少在1亿年前，第一批蚂蚁——正如我们今天所认识的那样，在恐龙的脚趾间爬行。在此期间，从中又发展出超过16 000种不同特征的蚂蚁物种。熙熙攘攘的蚁群中，生活着无助的蚁后和众多自我管理的工蚁。

第四章

交际感官

两只暗足蚁的工蚁正在交换液体食物并交流化学信息。

老实说，当我们只观察一种蚂蚁的一个品级——比如暗足蚁的工蚁时，很难把它们彼此区分开来。我们在它们的角质层上涂上彩色的小斑点，这样我们就可以区分来自蚁穴 A 的4278号蚂蚁和来自蚁穴 B 的3321号蚂蚁。要准确地区分蚂蚁的物种，通常也是很难的。比如，只有通过观察雄蚁生殖器的构造才能分辨出臭蚁亚科（Dolichoderinae）中酸臭蚁属（*Tapinoma*）的某些蚂蚁物种。现在，你可以试着去看看！如果没有雄蚁，你基本上不可能区分它们。对我们人类来说，蚂蚁通常看起来都差不多。

但对蚂蚁来说却并非如此。

正如你将会发现的那样，蚂蚁可以很容易地分辨出自己蚁群的成员和不同蚁群或物种的成员，而且往往特别准确。它们还能分辨出一只蚂蚁是负责在育儿室照顾幼虫、维护巢穴的干净整洁，还是负责在巢穴外寻找食物。例如，新热带物种凹结新猛蚁（*Neoponera inversa*）的蚁后在建立蚁群期间会一起合作筑巢，甚至能够意识到自己是独立的个体。然而，我认为这种程度的个体独特性在较大的蚁群中是不存在的。即使单只蚂蚁在行为上存在差异，并表现出某种程度的个性，但正如我们在第三章《有效的自组织状态》中所看到的那样，照料后代、收集食物和守卫巢穴的蚂蚁之间的差异更为显著，以至于蚂蚁更多地将自己视为一个独特群体的一部分，而非独立的个体。例如，照顾幼虫的蚂蚁会通知收集食物的蚂蚁需要食物，并从它们那里接受食物以喂养幼虫。没有一个姐妹会对5241号蚂蚁是否睡得不好，或者那天有没有和蜥蜴擦身而过感到一丝兴趣。

然而，从根本上说，蚂蚁非常擅长分享信息，无论是关于通往新发现的蚜虫群的路线、意外猎物的存在，还是来自敌对群体的袭击。有关内部事务的信息也会相互交换，确保每只工蚁都知道蚁后的生育能力和产卵情况。关于“皇室”的八卦并不只是人类的专利。

然而，并不是所有种类的蚂蚁都会彼此分享这种信息。一些原始蚂蚁种类的工蚁生性比较孤僻，彼此交流较少。相比之下，高度社会化蚂蚁种类的工蚁则消息灵通、见多识广，信息似乎会像魔法一样在整个蚁群中传播开来。

尽管如此，我们还是成功地破译了一些蚂蚁间相互交流的技巧。

看见光

在蚂蚁看来，外表并不重要。作为一生都“穿着”固定、统一外骨骼的昆虫，它们看上去就像一个披着盔甲、戴着面罩的骑士。蚂蚁头部两侧有两只高度发达的复眼，蚁后和雄蚁还额外有三只较小的、朝上的、结构简单的眼睛，被称为单眼。单眼对光线敏感，能对紫外线做出反应，甚至能探测到阳光的偏振方向。（我们将在后面的章节中更详细地讨论偏振，现在只需要知道它就像一种天文罗盘，即使在阴天也能告诉你太阳的位置。）在婚飞中，处女蚁后和雄蚁会用它们的单眼来导航和稳定飞行。

复眼的作用是感知视觉信号。你可能熟悉在苍蝇、蜜蜂和蜻蜓身上看到的更大的版本。其结构有点像倒置的筛子，每个孔都对应一个单独的眼睛。这个单独的眼睛叫小眼，仅能捕捉复眼所看到的整幅图像中的一个特定点。但是请不要对图像质量抱有太高的期望。根据物种的不同，一只复眼由300到1 300个小眼组成，其成像分辨率非常糟糕，甚至低于廉价的手机摄像头（500万像素）。对蚂蚁而言，它们看到的更像是一幅粗略的报纸图像。似乎这还不够糟糕，由于每个小眼的晶状体都是刚性的，无法调节，所以这幅图像始终很模糊。不过好在它至少是彩色的，尽管蚂蚁所看到的图像对我们人类来说会显得偏蓝。像蜜蜂一样，蚂蚁将红色主要感知为黑色，但为了弥补这一点，它们能看到紫外线。这种视觉系统的局限性很显著：工蚁很难通过标准复眼区分它的姐妹和相同大小的鹅卵石。而且对于蚂蚁来说，它们几乎无法看到更多的东西——尤其是当你考虑到它们的腿有多短的时候。

这并不会对蚂蚁造成困扰。它们不打算用高清或4K的清晰度来描绘其周围的环境，而是更注重其他特征，并将复眼用作高度敏感的运动传感器来快速识别动态目标：一个阴影突然从一个像素点消失，然后在另一个像素点出现。苍蝇复眼的处理速度如此之快，以至于电视节目在它们看来就像一系列的静态画面，而我们人类则认为看到的是流畅的动态画面。在快速解析动态变化方面，复眼显然是更好的设计。某些复眼较大的蚂蚁物种特别擅长使用它们的“运动传感器”来识别猎物。澳大利亚的犬蚁属（*Myrmecia*）的工蚁甚至会跟随手指的移动来回移动。作为一名蚂蚁研究人员，我一直觉得研究这种蚂蚁有些令人忐忑不安，因为我很清楚，这种蚂蚁非常擅长跳跃，而且长有令人讨厌的毒刺。

在婚飞期间，会飞的雄蚁会利用视觉等方式来寻找它们梦想中的处女蚁后。同时，复眼还具有天文罗盘的功能。简而言之，它们的视觉能力并不比我们差，只是在不同的情况下有着不同的优势。

然而，不论蚂蚁是如何识别彼此的，我们可以肯定它们不会依赖视觉。

犬蚁属的工蚁视力非常好，它们可以随着我们手指的移动而移动。

六条腿的“化工厂”

秘诀在于气味。就像我们可能会嘲笑蚂蚁的视力不佳一样，它们也许会对我们糟糕的嗅觉嗤之以鼻。当然，这只是个比方，因为蚂蚁实际上并没有鼻子。它们主要通过触角或触须来辨别气味。触角上分布有超灵敏的化学传感器集群，可以对不同的气味做出识别。除了我们人类能感知的气味，如甜味、花香，蚂蚁还能捕捉到我们无法察觉的气味分子。它们可以感知二氧化碳，这有助于它们监测巢穴的通风情况，防止整个蚁群陷入窒息。它们还有一个“湿度传感器”，可以防止无法移动的卵、幼虫和蛹腐烂或变干，并在需要时将其挪到更好的位置。

最令人惊讶的并不是蚂蚁能够嗅到周围环境的气味，而是它们自己产生和使用的气味：通过分泌信息素，蚂蚁已经发展出了自己独特的化学语言。

上面的说法可能会让语言学家惊讶地竖起眉毛。蚂蚁的“语言”才华确实够不上《哈姆雷特》（Hamlet）或《浮士德》（Faust）等文学作品的水准。但通过信息素，蚂蚁能够传递“小心！我们被攻击了！”“我知道哪里有食物”“别担心，自己人”“这是我们的领地”“我在育儿室工作”以及“我是一名处女蚁后，正在寻求一位雄性伴侣”等诸多信息。总之，蚂蚁可以交流它们小脑瓜中冒出的各种想法。

为了确保信息的正确传递，蚂蚁体内进化出了很多腺体，这使得它们就像是一座行走的化工厂。这些腺体分布在蚂蚁的头部、胸部和腹部等部位，其中一些腺体会产生毒素、消化分泌物和激素，以及各种信息素构成的混合物。

对我们人类来说，蚂蚁之间的化学交流几乎是完全加密的，不过这种加密并非不可破解。有了合适的设备和高超的技术，我们正越来越精确地发现每种信息素的含义。

为此，我们残忍地对待了一只蚂蚁——实际上我们会将它冷冻，然后把蚂蚁放在用作手术台的载玻片上。由于蚂蚁的每个部分都非常小，因此接下来的步骤需要一台立体显微镜和一双非常稳定的手。借助超细的金属镊子，我们轻轻地拔出蚂蚁的螫针，采集附着的腺体。这与螫人后的蜜蜂所发生的情况是相同的，当它试图把螫针从人的皮肤里拔出来时，它会把自己的内脏给拉扯出来。如果腺体完好无损，我们就把它们放入一滴水中并将其分离开。我们对圆形的毒腺不是特别感兴趣，吸引我们注意的是富含信息素的细长杜氏腺。我们可以用化学方法分析杜氏腺分泌物的成分，也可以将它们涂抹在几只试验蚂蚁身上，更直接地研究它们的效果。工蚁会接受那些喷了“香水”的姐妹，还是会愤怒地攻击它们并将其赶出巢穴？或者只是帮助它们洗掉分泌物？又或者会有完全出乎意料的反应？

事实上，杜氏腺的分泌物会让蚂蚁陷入疯狂，就像在不幸的试验蚂蚁背上贴上了“来踢我呀！”的标志。姐妹们会攻击带有这些分泌物的昆虫，以至于一些物种会利用这些分泌物来达到自己的犯罪目的。其中包括群居寄生蚂蚁，它们在攻击其他蚁群时会通过散布分泌物来绑架并奴役该蚁群的幼虫和工蚁。被分泌物迷惑的受害者不会攻击入侵者，而是围攻自己巢穴的成员。细胸蚁属（*Leptothorax*）的蚁后同样冷酷无情，在使用该手段时更具针对性。它们用杜氏腺的分泌物标记竞争对手，导致工蚁杀死竞争的蚁后。无论那些蚂蚁的腺体里有什么，它们一定是非常强烈的东西。

在化学分析过程中，我们将分泌物加入溶剂中，并使用气相色谱仪将其分离成不同的组分。样品被缓慢加热，各个组分稳定蒸发。一股细小的氦气流带着它们通过一个空心管，在那里不同的物质会根据它们的化学特性而减慢速度。最后，它们整齐地彼此分离开来，并进入质谱仪。质谱仪不仅会告诉我们各种物质的元素组成，还会告诉我们这些物质在分泌物中的含量。

尽管每只蚂蚁的腺体中只含有约百万分之一克的分泌物，但这个小小的“化学试剂箱”的确给人留下了深刻的印象。

你会化学语言吗

构成蚂蚁语言的“单词汇”几乎完全由各种化合物混合而成。除了仅由碳和氢两种元素组成的化合物，我们还发现了分子中含有一个或多个氧原子的醇、醛、酯和萜类化合物，以及含有硫或氮原子的化合物。这些化合物的分子结构有的呈线性，有的呈分支状，有的呈环状。当然，别忘了甲酸，在小剂量下，它也可以作为一种交流手段。

为了表达信息，或者说形成“句子”，蚂蚁经常混合不同浓度的化合物。它们可以用少量的原材料创造出天文数量级的组合，这使得它们可以表达出远超过它们小脑袋所能想到的信息。对于我们研究人员来说，破译它们语言的工作也因此变得更加困难。

巢穴具有自己的气味，每只蚂蚁都会在其体表携带这种气味。这种气味通常源自由30到60种不同的化合物按精确的比例混合而成的信息素。为了破解其中的密码，我们将一只试验蚂蚁放在溶剂中，然后像前面描述的那样使用气相色谱仪和质谱仪进行分析。然后，我们就能在电脑屏幕上看到蚂蚁遇到这只试验蚂蚁时闻到的气味，另外我们还能判断出这只试验蚂蚁来自哪个蚁群——不同之处在于，我们需要更长的时间和昂贵的实验室设备，并且即使这样，分析结果的准确度也仅与一只“患轻微感冒”的蚂蚁持平。但不论结果如何，至少我们“闻”到了另一个世界的气息。

对于体型微小且生活在黑暗环境中的蚂蚁来说，信息素相较于口头或视觉语言更具优势。由于信息素会挥发并通过空气传播，因此可以将信息传递到较远的地方，并传达给大量同伴。如果需要快速传递信息，那么轻盈、不稳定的物质是最好的选择。而持久的信号则需要由稳定性强的物质构成。在即使是最大的眼睛也难以看清的黑暗巢穴中，这两类物质都非常适合使用。因此，信息素可谓是蚂蚁的最佳选择。令人难以置信的是，它们通过气味可以解读出如此之多的信息。

化学密码

也许一只蚂蚁能传达的最重要的信息就是：“我和你来自同一个蚁群。”如果这个消息不属实，可能就会引来大麻烦。一只蚂蚁越接近陌生的巢穴（无论是无意还是有意），它受到的攻击就越猛烈。如果这只入侵的蚂蚁在某个领地的边缘地带游荡，当地的蚂蚁有时只会用愤怒、威胁的架势把它吓跑——这已经是相当幸运了。但如果它被发现闯入了该领地的中心地带，蚂蚁会用上颚抓住它，粗暴地将其赶出自己的领土。然而，如果它进入了更密集的巢穴区域，那么就没有任何仁慈可言了。一大群蚂蚁会扑向它，将其咬死或螫死。敌友之间的区别纯粹是气味的问题。每个蚁群的蚂蚁都有一种独特的巢穴气味，并通过体表携带这种气味。

蚂蚁通常独自负责创建自己的“气味身份证”。它们在腺体和被称为绛色细胞的特化细胞中产生碳氢化合物，这些碳氢化合物通过一种叫作血淋巴的血样液体到达体表。它们也会利用周围环境中的芳香物质，比如蚁群生活的树木产生的香味。当蚂蚁互相清洁和舔舐时，它们不仅将气味散发到彼此身上，还将各自的信息素混合在一起，从而形成一种共同的气味模式。这些信息素的重要储存库和混合器位于口腔附近的咽后腺。在某些物种中，当蚂蚁互相喂食反刍食物时，社会性胃在信息素的传递中也起着重要作用。这些不同的机制确保了巢穴中所有的蚂蚁都具有特定的化学特征，这是一种可靠的身份识别形式。偶尔，一只蚂蚁会不幸地参与我们的一项研究，在这项研究中，我们用溶剂彻底清洗它，以去除其体表的所有气味。如果我们把它送回它的姐妹们那里，它会遭到不断地嗅探，直到再次熏染上巢穴的气味。正确的气味就像运动员的队服一样重要。

一只蚂蚁在孵化后不久便知道自己属于哪个巢穴。起初，它可能觉得自己可以属于任何巢穴。然而，在它孵化后的头几天内，它逐渐开始记住自己巢穴的气味，同时它自身也会逐渐散发出越来越强烈的气味。

嗅探你的品级

在漆黑的巢穴中，蚂蚁不仅能闻到自己蚁群的气味，还能嗅出另一只蚂蚁属于哪个品级（蚁后、雄蚁、工蚁等），以及它所从事的工作是什么。特别是蚁后会散发出独特的气味。在只有一只蚁后的年轻小型蚁群中，蚁后的气味在很大程度上主导着整个巢穴的气味，并传递给它的工蚁。即使在蚁群扩大后，“皇家淡香水”的味道也会清楚无误地表明蚁后正在巢穴中坐镇，绝不会容忍任何产卵的竞争对手。对于那些卵巢功能正常的工蚁，这种气味会抑制它们产生自己的后代。如果一只叛逆的工蚁产下了自己的卵，这些卵将因为缺乏蚁后标志性的气味，而被其他工蚁吃掉。但是，如果蚁后失踪、死亡或生育能力下降，其气味的消散将作为紧急情报迅速传遍整个巢穴，年轻的工蚁将趁此时机“篡位谋反”。然而，由于工蚁缺乏储精囊，它们的卵子永远无法受精，只能发育成雄蚁，这最终将导致整个蚁群的毁灭。

并不是只有“女王”才拥有特定的职业气味。在巢穴外充当“侦察兵”的工蚁、在巢穴内工作的工蚁，以及在育儿室照顾幼虫的工蚁都有着各自不同的气味。幼虫会释放特殊气味来表明它们需要喂养和照顾，这种气味非常具有诱惑性，几乎盖过了蚁群的气味，以至于当幼虫或蛹被带到陌生蚁群时，非但不会受到该蚁群工蚁的攻击，反而会被收养。兵蚁也有自己特定的气味，使其与普通工蚁区分开来。这样，在育儿室工作的工蚁就可以判断兵蚁和普通工蚁的比例是否正确。例如，如果大量的兵蚁在另一个劫掠蚁群的袭击中丧生，它们在巢穴中的气味浓度就会降低。为了平衡这种情况，育儿室的工蚁将开始更好地喂养幼虫，促使它们尽可能多地成长为兵蚁。

蚂蚁的死亡并不会立即从它的气味中体现出来。对于一只刚死去的工蚁而言，它不会再参与清洁和喂食工作，同时它也无法再参与更新其巢穴的气味。一旦碳氢化合物分解，它就会失去气味。当气味完全消失后，路过的工蚁会意识到这具身体已经不属于这里了。它会叼起死去的姐妹，并将其扔到巢穴外。因为巢穴中遗留的腐烂尸体很容易导致疾病滋生，经过数百万年的演化，蚂蚁已经变成了一种非常务实的生物。

精准的化学痕迹

在蚂蚁的世界里，气味不仅是成员的身份标识，它还是一个优秀的化学引导系统的一部分，可以帮助蚂蚁在外部世界中导航。

当一只工蚁在穿越蚁群领地的途中发现了丰富的食物源时，它一定会既高兴又困扰。它面临着几个困难。一方面，它娇小的体型使得它无法制服大型猎物；另一方面，如果猎物已经死亡，往往又会因其太过沉重而难以独自处理。然而，这种美食着实不宜长时间搁置在那里，否则其他饥饿的节肢动物，如蜈蚣，很快就会发现它。此时此刻，这只工蚁唯一要做的就是寻求帮助。

寻求帮助的具体方法取决于工蚁的种类以及它与巢穴和姐妹们的距离。如果援手恰好就在几根小树枝和几块鹅卵石之外爬行，它所要做的就是向空气中释放一种信息素。其他的工蚁会跟随信息素，决

然地朝它的方向赶去，准备战斗或提供运输服务。需要注意的是，收集食物的蚂蚁通常是独自发现食物的。在这种情况下，易挥发的信息素很快就会随风四散飘荡，从而失去作用，其他蚂蚁即使捕捉到了信息素，也无法确定其来自哪个方向。经验丰富的工蚁必须懂得如何去“招募”其他工蚁，为此它们演化出了一种名为“路径标记”的策略，确保自己能再次找到之前发现的食物。这种策略与汉塞尔（Hansel）和格蕾特尔（Gretel）[①]在黑暗森林中以及忒修斯（Theseus）[②]在牛头怪迷宫中所使用的诀窍类似，即留下一条化学踪迹。

蚂蚁通过气味来识别其他蚂蚁是否属于同一个蚁群。

---

① 译者注：汉塞尔和格蕾特尔是格林童话《糖果屋历险记》中的一对兄妹，在被父亲和继母抛弃的途中他们利用小石子做记号，得以找到回家的路。但第二次他们用面包屑做记号时，面包屑被鸟儿吃掉了，导致他们找不到回家的路。

② 译者注：忒修斯是希腊神话中的雅典国王，为了在杀死迷宫中的牛头怪后，能从迷宫中走出来，进迷宫的时候，他把一个线团的一端拴在迷宫的入口，再拿着线团进入迷宫。这样，在杀死牛头怪之后，他就可以沿着线的指示原路返回了。

当然，要留下踪迹，使用面包屑是行不通的——它们会被立即吃掉，而且工蚁也不能像蜘蛛那样自己纺线。相反，它们依靠腺体分泌物的气味来标记路径。当工蚁匆忙地去寻找自己的姐妹们时，它会不断用腹部摩擦地面，留下微量的信息素。我想说的是，这些信息素的量真的非常非常少。不同种类的工蚁每码（1码约合0.91米）的气味痕迹可能仅包含十亿分之一甚至万亿分之一克的信息素。换句话说，一克这种信息素就足以形成一条从地球延伸到木星的痕迹，或者可以环绕地球大约2万圈。

当“觅食者”最终找到它的某位姐妹时，它会用气味向对方传达关于美食的消息，并用自己的触角兴奋地敲打对方的头部，或许还会向其提供一份反刍的食物样品。在一些种类中，这类交流方式能在很短的时间内招募到数百只“觅食者”。每只工蚁在带着食物返回巢穴时，也会释放信息素来进一步加强气味痕迹。当食物被搬完后，再到来的工蚁便会空手而归，这时，工蚁就会停止释放信息素，留下的气味痕迹也很快就会消失。不久之后，林间小径恢复如初，等待另一只工蚁开辟一条通往新食物源的路径。

蚂蚁用来寻找食物的气味痕迹的进化起源，可能源于消化系统的另一端：这可能是从使用成堆的粪便标记领地的习惯发展而来的。支持这一理论的事实依据是，用于留下气味痕迹的信息素通常来自直肠和直肠腺。“这是我们的领地”这一信息可能先演变成“这是我们的食物”，再最终变成“这是通往食物源的路径”——这并不是最完美的解析，但不失为一个合情合理的推论。

除了有意留下的有助于导航的气味痕迹，大多数种类的工蚁在行

带回新食物的工蚁会将其分给自己的同伴品尝，以决定是否值得投入更多的成员来收集这种食物。

进时不可避免地会将其体表的碳氢化合物沾染在地面上，形成化学足迹。这些化学足迹可以让工蚁确定它们之前是否去过某个地方，这在勘查一个潜在筑巢地点的规模时非常有用。这种气味还能识别其他种类的蚂蚁是否侵入了蚁群的领地。虽然蚂蚁会坚决保卫自己的领地不受同种类蚂蚁的侵犯，但它们却经常容忍来自其他种类的新来者。作为预防措施，觅食蚁通常会避开较大的工蚁，而更多地跟随较小工蚁的化学足迹，这些化学足迹可能会指引它们找到新的食物源。

有些种类的工蚁甚至致力于读取其他种类工蚁留下的化学足迹。

当你可以把寻找食物这项艰巨的任务交给别人的时候，为什么还要自己亲自出马呢？在东南亚和南美洲，许多弓背蚁属（*Camponotus*）和举腹蚁属（*Crematogaster*）的蚂蚁已经演化出一种称为异种共栖（plesiobiosis）的合作关系。两个不同种类的蚂蚁作为一个蚁群生活在同一个巢穴中，体型较大的弓背蚁充当巢穴的守卫者。与此同时，体型较小的举腹蚁则负责寻找食物，一旦成功找到食物就会为它们强大的朋友留下气味痕迹。即使在最聪明的鸟类和哺乳动物中，也很少能看到这种跨越物种的团队合作。事实上，在人类社会中，这种合作也并不总会被认为是理所当然的。

“鼓手”和“弦乐手”

气味语言无疑是蚂蚁最重要的交流方式。但在实验室或野外观察它们时，我们一次又一次地注意到它们也会用触角（有时还会用前腿）相互接触来进行交流。它们会互相用触角触碰头部，刺激彼此的嘴部，以及拉扯对方的上颚。人们曾经认为存在一种叫作触角语言的东西。但当我们用视频记录下这些动作，并逐帧仔细分析时，无论如何也找不到任何规律。相比之下，触角的动作和姿势似乎是完全随机的。如果这种触碰确实有某种意义的话，那可能只是为了增强意识，就好像蚂蚁想说：“嘿，注意了！这很重要！”

当工蚁想要把它们的姐妹带到食物源或新的筑巢地点时，生活在由几十只个体组成的小型蚁群中的工蚁就会使用这种方法。对于一只这样的工蚁而言，几乎一完成发现之旅返回巢穴后，它就会用自己的触角邀请另一只工蚁跟随它进行所谓的“串联跑”。一旦收到邀请的工蚁表现出兴趣，发现食物的工蚁就会转身跑开。被招募的工蚁会跟随它，并用触角频繁触摸领路工蚁的后腿和腹部，以保持接触——领路工蚁会通过那里的特殊腺体释放出诱人的信息素。观察这种互动既令人着迷又令人沮丧，因为跟随的工蚁经常跟丢领路的工蚁，而后者必须等待它的同伴再次找到它。一旦它们最终到达目的地，两只工蚁要么一起协作收获食物，要么再次跑开呼叫支援，直到有足够多的勤劳的工蚁抵达现场，并用集体的力量把这块美食搬回巢穴。

科学家们认为“串联跑”是一种教学形式，因为前面的工蚁会引导后面的工蚁，为它指路，并给它时间记住路线，这样到最后，它们俩都知道这条路通往何处。这种相对低效的行为最终被证明是值得

小型蚁群的工蚁通过“串联跑”的方式将它们的姐妹引向新的食物源或巢穴。

的，即使在搬迁到一个新的巢穴时也是如此。与直接搬运同伴相比，“串联跑”所花费的时间要长得多，但每次跑动都增加了知晓路线的工蚁数量。而被抬走的蚂蚁则不知道自己从哪里来，也不知道自己要往哪里去。相比之下，每只被引导到目的地的工蚁都可以指导它的姐妹，或者帮忙直接搬运它们，直到最终整个蚁群全部到达新的巢穴。

除了“串联跑”，蚂蚁还表现出另一种重要的行为，这种行为可能只有通过触碰才能实现。这种行为就是乞食。如果一只饥饿的蚂蚁，或是负责在巢穴里分发食物的蚂蚁，遇到了一只满载而归的工蚁，它只需用自己的触角轻拍工蚁，工蚁就会反刍出一滴食物作为回应。我的博士生导师贝尔特·霍尔多布勒（Bert Hölldobler）用头发模仿蚂蚁触角轻挠的动作，成功引发了它们的反刍行为，并证明了在这个过程中没有信息素的交换。不幸的是，许多寄生虫也学会了这种方法，并厚颜无耻地将其作为一种伎俩，在蚂蚁身上大肆“薅羊毛”。在后面的章节中，我们将更深入地研究这些蚂蚁世界中的寄生者，但现在我们已经知道它们是如何获取食物的了。

在蚂蚁的“乐团”中，除了可以“听”到“打击乐”，还能“听”到“弦乐器”的演奏。“听”这个词用在这里可能并不恰当，因为蚂蚁本身没有耳朵，它们通过地面而不是空气来感知振动。可以说，蚂蚁是用腿“听”声音的。然而，对于一只小昆虫来说，在蚂蚁喜欢筑巢的土壤或木头中产生振动需要付出相当大的努力。此外，这样的信号可能无法传得很远，因为材料会吸收和减弱振动。那么，蚂蚁明明有自己强大的气味语言，为什么还要通过固体振动来传递信息呢？答案很简单：在某些情况下，气味在传递信息方面会惨遭失败，而附近的敲打声和唧唧声却能清晰可闻。

想象一下，假如你是一只切叶蚁，你所在的蚁群傻到将巢穴建在了沙地上。巢穴的某些部分经常发生坍塌。有一天，这种糟糕的事情偏偏就落在了你头上。大量的沙子突然向你倾泻而下，把你小小的身体埋在下面。换作是人类，这种建筑坍塌事故能使人当场毙命，但作为切叶蚁，你有坚固的外骨骼，可以轻松应对诸如此类的小意外。不幸的是，压在你身上的沙堆又大又重，你根本无法独自逃生，而你试图用来呼救的警报信息素也无法穿过沙子传播出去。那么此时此刻，你会怎么做呢？无疑，制造点声响才是明智的选择！

蚂蚁已经演化出许多不同的方式来发送声音信号。有些蚂蚁会用它们的后肢撞击地面或巢穴的墙壁，另一些则用它们的整个身体产生振动，或者用它们的颚部刮擦地面。而切叶蚁是蚂蚁界的“小提琴手”。它们没有小提琴，而是拥有所谓的发声器官。该器官包括一个位于后腹柄节上的刮器和一个位于后腹部第一节上的“洗衣板结构”的发声板。切叶蚁通过在刮器上摩擦发声板，就会发出高亢的啁啾声。这种声音可以被外界听到，吸引附近的工蚁迅速赶来，并把被埋的姐妹从沙子里挖出来。可以说，这只切叶蚁用声音拯救了自己。

然而，啁啾声作为一种紧急警报，实际上是声音通信的一个特例。在大多数情况下，声音与触角轻拍类似，更像是化学信息的放大器。当信息素与一小段“弦乐”搭配在一起时，信息素会更具诱惑力。如果发现食物的工蚁在散发出气味的同时发出“吱吱”的摩擦声，其他工蚁将更容易循着气味找到食物。当涉及食物时，工蚁通常会在所有可用的渠道上进行信息传递。

第五章

精准导航

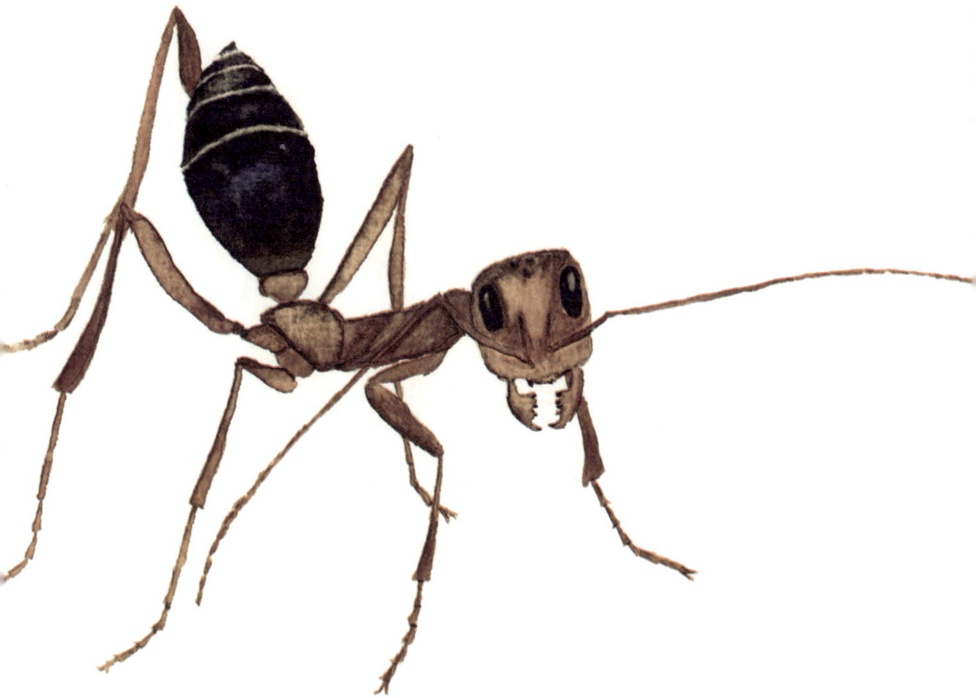

箭蚁属（*Cataglyphis*）的蚂蚁是通过“天文罗盘”和路径整合进行导航的大师。

巴西是昆虫学家心目中的天堂，是奇妙物种的栖息地，尤其是在热带雨林中。在一次远足中，我和一名巴西学生深入热带雨林，寻找新猛蚁属（*Neoponera*）蚁后的巢穴，尤其关注那些藏身于树枝裂缝中的巢穴。我们满载着几袋蚂蚁，却在返程时突然迷路了。无论我们朝哪个方向走，热带雨林看起来都是一样的。我心想："事情并不像看上去那么糟。"也许某种与生俱来的方向感会引导我们走上正确的道路。我们需要做的是共同商讨，然后决定走哪个方向。

不幸的是，另一个问题很快出现了：这位学生只会说葡萄牙语，而我只会说德语、英语和法语。在决定走哪条路时，我们的意见并不统一。经过几番讨论，我的观点比较有说服力，于是我们朝我所选的方向出发了。最终我们找到了走出热带雨林的路，尽管我们没有回到出发点。但在接下来的几天里，我一直在想同一个问题：当我和学生通过肢体语言和有限的共同语言晕头转向地"争论"时，她真的是在试图向我解释该走哪条路，还是在说完全不同的事情？

当我回想起那一天时，又一个问题出现了：如果人都如此容易迷路，那么一只小小的蚂蚁，当它无法透过草叶的缝隙看到前方，也无法依靠信息素的指引时，它究竟如何找到回家的路？

围着巢穴而行

只要蚂蚁在巢穴内工作，蚂蚁的世界就能合理地管理和组织起来。许多巢穴都有宽阔的走廊和向不同巢室分叉的较窄侧走廊。由于巢穴内部漆黑一片，眼睛在这个迷宫般的小洞穴里毫无用处。然而，蚂蚁完全有能力找到周围的路。它们定位所需的一切信息都通过触角感知。这些触角不仅能感知到走廊的宽度，还能提醒蚂蚁有障碍物或有同类蚂蚁经过。通过化学感官，蚂蚁能捕捉其他工蚁、蚁后和它的后代的气味。它们还能测量温度、湿度和二氧化碳的浓度。这使得蚂蚁能够准确地确定自己在巢穴中的位置，还能测算离蚁后或幼虫所在的巢室有多远，因为每个区域都有其独特的气味。随着巢穴向地下延伸，巢室变得更加湿润。温度保持相对稳定，这得益于周围土壤的缓冲作用平衡了温度变化。相比之下，由于天气的原因，靠近地表的情况更加多变。今天天气可能很凉爽，土壤可能被雨水打湿；明天天气可能很热，太阳和风会使走廊和巢室变干燥。

蚂蚁通过重力感判断走廊是向上还是向下的。人类和许多脊椎动物依靠内耳中的特殊器官感知重力，而蚂蚁用整个身体来感知重力。它们身体活动部位之间的关节上有一簇感觉刚毛，当重力把蚂蚁的腿、触角、头或腹部拉向地球中心时，这些部位就会对感觉刚毛施加压力，产生一个信号，告诉蚂蚁：“你正在往下走。”

新生的工蚁在破茧后的最初数日不会走很远。起初，这些工蚁被安排为“保姆”，很少离开幼虫和蛹所在的巢室。尽管可选择的路径有限，但它们能迅速在脑海中勾勒出该区域的地图，确保自己

火蚁巢穴的铝浇灌模型，显示了它们对走廊和巢室巧妙的布局。

不会迷路。众所周知，老鼠具有很强的方向感，被认为是在实验室迷宫中导航的专家。在实验室测试中，一种名为苍黄蚁（*Formica pallidefulva*）的北美蚂蚁的工蚁在记住并走出小迷宫方面，只需老鼠所需时间的两到三倍。

蚂蚁在巢穴内的活动范围越大，它的记忆地图[1]就越大。但是，一旦蚂蚁开始在巢穴外的广阔世界中工作，脑中存储的记忆就不足以跟上它的步伐了。因此，它必须学会一些技巧来适应外部环境。

如果你比杂草还小，你认为你能在花园、森林或草地上找到方向吗?

① 译者注：关于蚂蚁的脑中是否能够形成一幅记忆地图目前还存在争议，不同学者持有不同观点。

建造完善的道路网络

在森林或草地中找路，与在专门为蚂蚁建造的巢穴中导航是完全不同的挑战。对于蚂蚁来说，在荒野中总是面临左转、右转或直走的选择。左转应该转多少角度？是直角还是锐角？一只蚂蚁需要走多远才能决定下一步的方向？它应该注意什么？是根据走了多少步还是走了多长时间来决定方向？还有另一个方面需要考虑。一只蚂蚁在爬上一片草叶或一棵树时轻而易举，但这大大增加了走错方向的风险。设置路标会有帮助，更有效的是建设完善的道路网络。

例如林蚁和切叶蚁等物种，它们正是这样做的。它们主要沿着有相同气味痕迹的路径行进。其中一些路径的长度可以超过90米，包括穿过野生灌木丛的小隧道，以及如果有小溪挡住了路，用掉落的树枝或树干搭起的桥梁。专业工蚁组成的小分队确保“公路”上没有沙子、树叶和小树枝等障碍物。对蚂蚁来说，最快的路径比最短的路径更重要。来自维尔茨堡大学（University of Würzburg）的埃里克·弗兰克（Erik Frank）在研究非洲的马塔贝勒蚁（*Megaponera analis*）时，能够证明它们更喜欢迂回路径，而不是最短路径。这是因为迂回路径多位于裸露的地面上，它们能够以原来的两倍速度移动；而最短路径虽然距离更短，但因厚厚的植被而行走更加困难。

与人类的道路不同，蚂蚁的“公路”不是固定在地面上的，它们可以轻易越过墙壁或树干。如果你想亲自做一点研究，证明蚂蚁的路径确实有气味痕迹，可以试着在你的花园、当地的森林或公园里找一条蚂蚁经常出没的路径。拿一块橡皮在路径上擦几下，观察蚂蚁的反应。橡皮会清除掉大量的气味，部分地破坏这条路，就好像沥青路面在我们面前消失了，只剩下光秃秃的田野。蚂蚁来回奔跑，寻找合适的气味，直到其中一只发现了它，并用自己分泌出的信息素填补空缺，使行动可以像往常一样继续进行，而且修复这条路的速度比我们修复一段被损坏的高速公路要快得多。

这些基于气味的路标具有更新速度快的优点，而且一旦蚂蚁对特定路径失去兴趣，这些路标就会自动消失。例如，如果一群蚜虫已经转移到另一根有新嫩植物的树枝上，工蚁会定期标出并使用通往新“牧场”的路径，而旧路径上的气味会随着时间的推移而逐渐消失。

蚂蚁会用气味来标记路径，形成完善的道路网络。

通过任何路口都跟随较强的气味，蚂蚁能够避免走错路。路径的使用时间短则几天，长则几年，这取决于该路径的重要性。

从山毛榉后面，一直延伸到橡树

在热带雨林中找路通常是徒劳的。如果你足够幸运，偶然可能会发现有一条人迹罕至的小路，但这条小路通常很模糊，并且很快就会杂草丛生。我上次去秘鲁调研时，穿过亚马孙雨林的小路似乎突然中断在一条小溪旁。我们一行人沿着河岸走着，河岸两边是密不透风的灌木丛。我们穿着胶靴，沿着水流的方向涉水而行，但这条路似乎没有任何延伸的地方。我们发现了一根倒在小溪上的树干，上面长着两朵凤梨花。面对这美丽的花儿，我们拍了几张照片，得到了一丝安慰，于是我们转身往回走。显然，我们走进了死胡同。

在几天后的另一次调研中，这一幕似乎重演了。这条小路又一次突然中断，我们又像以前一样徒劳地寻找。然后，我注意到一根树干倒在地上，两朵凤梨花从树干上长出来。这和我们上次迷路时看到的景象是一样的，只不过这次我们是从小溪另一边看到的。现在，我们终于知道自己身在何处，也知道路在何处：经过凤梨花花丛，顺流而下，然后向右拐。没有什么比这更简单的了，多亏了我们的花卉路标。

然而，工蚁并不总是严格遵循自己的足迹。有些物种不太喜欢固定的路径，更喜欢在宽阔的范围内狩猎。所以，当它们决定越野时，它们必须有办法找到返回巢穴的路。

其中一种办法是通过观察它们行进时的周围环境，借助某些路标来导航，就像我们借助树和凤梨花确定方向一样。起初，蚂蚁使用这些视觉线索似乎有些令人惊讶，因为，正如我们在第四章《交际感官》中所了解到的，蚂蚁的复眼并不能提供特别清晰的图像，许多物种的工蚁，如行军蚁，甚至根本就没有复眼。尽管如此，林蚁还是能看得很清楚，并利用醒目的路标来确定自己的方向。非洲的齿跗矛猛蚁（*Pachycondyla tarsata*）主要依靠视觉来导航。如果其中一只工蚁离开巢穴，它会记住头顶上树梢的布局，并记录下旅途中发生的变化。霍尔多布勒收集了证据，证明这些蚂蚁确实依赖视觉来导航，而不是秘密地使用它们的嗅觉。他使用了一种更巧妙的定向策略：他拍摄了巢穴入口上方的天空，并将图像贴在巢穴上方，但转向了另一个方向。齿跗矛猛蚁在去工作时失去了巢穴的踪迹，看着照片，径直朝着错误的方向前进，就好像有人玩弄了它们的私人路标。

追逐太阳

蚂蚁虽然有很强的观察照片的能力，但它们不需要看得特别清楚就能凭视觉确定自己的方向。对许多蚂蚁物种来说，它们只需要知道太阳的位置。野蛮收获蚁（*Messor barbarus*）主要以野生草本植物的种子为食，它们会沿着小路将种子运回自己的巢穴。在返回途中，它们以太阳为指南针，根据一天中的时间，通过精确计算太阳的角度进行导航，这将帮助它们找到回巢穴的路。太阳在天空中的运动，以及蚂蚁在返回途中的不同位置都不会造成任何问题。刚被派遣到巢穴外的年轻蚂蚁必须学会进行必要的计算——当然，不需要计算器。

然而，一旦蚁学家带着屏幕、“诡计”和镜子出现，这种导航方式就会出现问题。1911年，瑞士博物学家费利克斯·桑茨基（Felix Santschi）进行了一项经典实验，他用一块黑屏挡住阳光，并从另一个方向将阳光反射到蚂蚁身上。蚂蚁立即改变了方向。当桑茨基把镜子放在不同的位置时，蚂蚁会乖乖地跟着模拟的“太阳”运动。它们甚至会毫无异议地进行180度大转弯。如今，蚁学家很乐意在实验室里进行这项测试，用简单的灯代替太阳，在适当的时候引导蚂蚁走错路。凭借一点技巧，蚁学家可以让蚂蚁按特定路线行走，并在最后给予奖励，以证明它们付出的努力是值得的。

不过，林蚁就没那么容易被愚弄了。它们也依赖太阳进行导航，甚至可能把月球作为一个路标，但它们的信赖有其局限性。如果反射的太阳位置与实际位置相差太大，它们会意识到被欺骗了，并继续朝着原来的方向前进。林蚁显然有一个可以触发警报的引导系统，凌驾于导航控制之上。但是，当我们复杂的晶状体眼不能区分真实太阳和反射太阳时，它们是如何用原始的复眼进行识别的呢？事实上，它们的复眼是利用太阳导航的绝佳工具。它们能看到我们肉眼看不到的东西——偏振光。

阴天里的阳光

要了解蚂蚁是如何做到这一点的，你需要对光及其偏振有更多的了解。别担心，这并不难。毕竟，蚂蚁凭直觉就掌握了它。

每个光源，如太阳或灯，都发出无数光束。与花园水管里的水流不同，一束光并非单纯由分子组成，它包括一个极快地在正负极之间交替的电场。光是一种电闪烁，它在空间中沿着直线快速传播。当一束光照射到眼睛时，电场刺激视网膜中的光感受器，触发一个信号：我们看到一道明亮的光。我们的世界被持续不断的光束照亮。

让我们先回到电场的讨论。电场的正负极方向并不是严格沿直线排列，它们非常轻微地偏离了直线。你可以把它想象成一根绳子：将一端系在一个固定的物体上，然后快速上下抖动另一端。这样就产生了一个有波峰和波谷的波动，这些波峰和波谷沿着绳子传播——所有的波峰和波谷都在同一水平线上，与地面垂直，上下波动。如果你让绳子水平摆动，而不是垂直于地面，波峰和波谷将与地面平行。

光的工作方式与此大致相同。光波的波峰相当于电场中的正极区域，波谷相当于电场中的负极区域。对于每一束光，其电场都在一个特定的平面上振荡。物理学家将这种现象称为偏振，这个平面称为偏振面。

光的偏振对视觉至关重要。为了刺激视网膜中的光感受器，光的偏振面必须和光感受器的排列方向适当对齐，否则光将简单地通过，什么也不会发生。在人眼中，光感受器较为灵活，能够适应不同偏振方向的光。然而，蚂蚁复眼的工作方式与人类眼睛不同。在一些简单复眼中，光感受器严格地彼此平行排列。因此，对于这样的简单复眼来说，只有当适当偏振的光进入时，才能有效地刺激光感受器。这些简单复眼能够发出信号，帮助蚂蚁辨别光的偏振，这在确定太阳的位置时是一个很大的优势，前提是太阳的位置与光的偏振有关。

关键不在于太阳本身，因为所有的光都会产生偏振。这更依赖于大气对光的影响：光穿过大气层时会发生散射，从四面八方落在我们身上。当我们从不同角度观察天空时，散射光的偏振程度或多或少会改变，从而影响光的强度。当你直视太阳时，由于光包含所有可能到达眼睛的偏振面，散射的影响实际上是无关紧要的。此时光是最明亮的，但偏振光最弱。当太阳位于我们的一侧时，情况就会发生巨大的变化。如果我们有一只蚂蚁的复眼，我们就能看出照在这个方向上的光更弱，但偏振光更强。如果太阳位于我们的背后，光就会减弱，且剩下的偏振光更弱。蚂蚁复眼特殊的设计使其能够充当量角器的角色，可靠地告诉蚂蚁太阳的位置。即使天空乌云密布，它也能起作用。只有在夜晚和日全食期间，当天真的很黑时，这种导航方式才会失效。在这些情况下，蚂蚁会待在巢穴中或站着不动，直到天亮。

有了这样的复眼，蚂蚁可以在沙漠中穿行，在那里，每个方向看起来都一样，但它仍然能找到自己的路。

居住在沙漠中的导航大师

在亚利桑那州南部，八月的太阳炙热得要命。我很幸运，迄今为止只在海拔2 000到3 000米的山区进行了短途调研，这意味着即使在盛夏也不会太热。但我的同事黛博拉·戈登（Deborah Gordon）就没这么幸运了。她的主要研究对象是须蚁（*Pogonomyrmex*），这种蚂蚁栖息在平坦的半沙漠地区。中午的时候，那里非常热，干燥的地面上热浪翻滚，阴凉处的温度超过40摄氏度。说到避免高温，蚂蚁和蚁学家有相似之处：它们都选择在清晨出门。当其他人，比如我，还在科考站的小屋里懒洋洋地躺着，期待着早餐时，黛博拉已经在路上了。她观察到须蚁在日出时集体出动，并注意到那些寻找食物的须蚁一旦找到适合的食物来源，就会立即采集完毕并离开。当太阳升到天顶时，须蚁躲在巢穴的凉爽处，而蚁学家则躲到她的科考站的阴凉处。

箭蚁属（*Cataglyphis*）也是一种生活在炎热沙漠中的蚂蚁，俗称沙漠蚁。它们生活的地方非常炎热，大部分没有在中午找到阴凉处或把自己埋在凉爽土地中的昆虫，很快就会被炙热的太阳烤得酥脆，成为其他昆虫的食物。这个属的工蚁在北非沙漠方圆 180 米范围内，沿着曲折的路径独自出发，寻找这些美味的"烧烤"。留下气味痕迹是毫无意义的，因为信息素在高温下会立即蒸发，而且每只死昆虫的位置不同，标记路径也没什么用。这就是为什么沙漠蚁不创造路径，而是明显随机地到处跑。它们曲折的路径实际上遵循着一个复杂的系统：它们喜欢与风向成直角行进，这样它们就有更大的机会捕捉到猎物的气味。如果它们偶然发现了美味的食物，它们就会把它抓起来，然后从烈日下匆忙地把它带到凉爽的巢穴里。即使是沙漠蚁，如果在太阳下待得太久，也有可能被活活烤焦，所以它们不会从出发时蜿蜒的小路返回，而是直接跑回了巢穴。那么，如果看不见巢穴，它们怎么知道巢穴在哪个方向呢？毕竟，它们的周围都是又热又干的沙子，而且通常没有路标来帮助它们导航。

你可能已经猜到了：沙漠蚁主要靠太阳导航——毕竟，它们得到的阳光比它们应得的要多。但是，太阳的位置和光的偏振是相当粗略的向导，因为天空中的太阳圆盘的角直径约为半度。如果这只蚂蚁试图用这种不精确的测量方法在100米外寻找巢穴，那么即使是一条完全笔直的路径也可能产生超过1米的偏差，从而错过巢穴的入口。值得庆幸的是，沙漠蚁有一个内置的“距离计”，它会告诉它们何时应该到达。

这个“距离计”就像一台小型计算机。沙漠蚁外出时走的是曲折的路径，而返回时选择了笔直的路径。这意味着它不能简单地数自己走了多少步，并在回来的路上重复这个数字。相反，它必须在整个旅程中不断地检查它行进的方向，并不断计算离巢穴有多远，或者它离入口有多近。使用矢量计数和加法可以在数学上计算出准确距离，这可能就像让学生在沙漠中出汗一样简单。没有人向沙漠蚁解释路径整合的原理，但经过快速、本能的学习，沙漠蚁将毫不费力地掌握它。它们如何做到这一点，至今仍是个谜。

然而，沙漠蚁清楚地知道它们到达巢穴入口所需的步数。乌尔姆大学（University of Ulm）的马蒂亚斯·维特林格（Matthias Wittlinger）在其博士论文中证明了这一点。他故意改变了一些沙漠蚁腿的长度，从而调整了它们的步幅。在突尼斯的沙漠中，他让沙漠蚁在一条试验小径上找到一块猎物，然后进行了一些可怕的调整——剪短它们的腿或用猪鬃延长腿的长度。沙漠蚁似乎对截肢或高跷并不特别担心。它们抓起那块猎物，按照精确计算的步数返回巢穴。然而，由于它们回来时腿的长度不同，步幅也不同，它们或早或晚地停下来，困惑地寻找巢穴的入口。相反，如果马蒂亚斯在它们去寻找食物之前调整了它们的腿长，沙漠蚁在出去和回来的时候都用同样的步幅，就能轻而易举地找到回巢穴的路。或者它们自

即使改变了沙漠蚁腿的长度，它仍能轻而易举地找到返回巢穴的路。

己会根据小的路标来确定方向，因为即使是精密的计步器也不是百分之百可靠的。必要时，沙漠蚁会简单地四处搜索，因为它知道，凭借其内置的“距离计”，巢穴的入口一定就在附近。

倒带

除了“天文罗盘”和“距离计”——蚁学家称之为路径整合的组合，沙漠蚁还有另一种找路的方法：光流。我们运动时，会有图像掠过眼睛，比如火车窗外的风景。为了导航，沙漠蚁在出发时记录下眼前的景象，然后选择一条回程路径，把同样的“电影”倒着播放。

当沙漠蚁蚁群迁移到一个新的巢穴时，被抬着而不是自己走路的沙漠蚁，完全依赖光流导航。在一项实验中，当沙漠蚁被蒙着眼睛转移到另一个地方时，它们无法找到返回巢穴的路。

如果沙漠蚁发现了一个太大而无法搬运的猎物，这种导航方式就会变得有些复杂。因为它必须将大块的猎物向后拖。然而，在拖动过程中，视野中的图像与预期不符。困惑的沙漠蚁不停地停下来，放下猎物，转身向前跑几步。沙漠蚁似乎在重新校准其光流，确保它知道下一步要去哪里。重新确定方向后，沙漠蚁会信心满满地抓住猎物，继续行动。

有趣的是，路径整合和光流系统似乎是彼此独立工作的，这意味着沙漠蚁的脑袋里有两个导航设备。这种双重保护可以在沙漠中拯救沙漠蚁的生命。

“天文罗盘”

维尔茨堡大学的沃尔夫冈·罗斯勒（Wolfgang Rössler）和他的团队最近发现，至少有一些沙漠蚁不仅有自己的“天文罗盘”，而且还能根据地球磁场确定自己的位置。研究人员迷惑了圆结箭蚁（*Cataglyphis nodus*）的年轻工蚁，这些圆结箭蚁在巢穴外工作的第一天，目的是熟悉周围的环境。圆结箭蚁通常会进行小型探索，记住一些东西，当它们想要找到巢穴不显眼的入口时，这些东西可能会作为有用的路标。在这些突击训练中，圆结箭蚁会围绕一个轴心小范围转圈，并时而停顿。令人惊讶的是，在较长时间的停顿中，即使无法分辨太阳的位置和光的偏振，但它们总是面向巢穴。它们是如何知道回家的路呢？

罗斯勒的团队推测，圆结箭蚁可能自己拥有一个“磁罗盘”，帮助它们找到回家的路。对候鸟的研究表明，除了其他因素，候鸟是由它们自己的“磁罗盘”引导的，而在昆虫中还没有发现这种现象的证据。研究人员在圆结箭蚁巢穴的入口处安装了一个电磁线圈，以产生比地球磁场更强的磁场。磁场关闭时，一切都像往常一样，蚂蚁会停止旋转，把视线对准巢穴的入口。但是当研究人员打开磁场，改变其方向或者用相反的外部磁场中和地球磁场时，圆结箭蚁会开始旋转，突然发现自己看向不同的方向。研究人员利用磁场模拟北极和南极，从而诱导圆结箭蚁朝着错误的方向前进。在这种情况下，圆结箭蚁甚至忽略了太阳的位置和光的偏振，它们完全依赖于磁场。

以圆结箭蚁为代表的部分沙漠蚁喜欢有序的磁场，至少在学习阶段是这样的，它们会在巢穴入口附近待上两到三天。此后，当它们成为积极的觅食者时，它们主要依靠太阳来导航。然而，我们尚不知道在这一阶段它们的“磁罗盘”是否仍然活跃，也不知道它们感知磁场的具体部位。但是一些好奇的研究人员正在思考可以用什么样的实验来找到答案。

第六章

野蛮的游牧部落

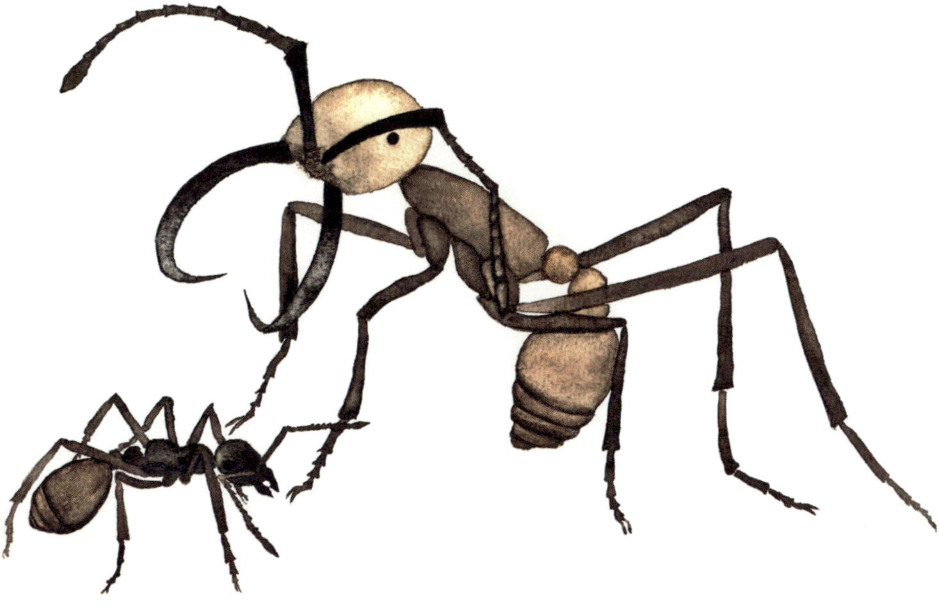

行军蚁在兵蚁和工蚁之间有很大的形态差异，大批兵蚁守卫着这群劫掠者。

行军蚁生活在热带和亚热带地区，分布于美洲、非洲和亚洲的部分地区，这些地区全年温暖潮湿，我在南美洲和马来西亚的热带雨林中曾遇到过它们。

在一次研究之旅中，我要去马来西亚首都吉隆坡附近的一个科考站进行考察。飞机晚点了12个小时，所以我没有按计划在早上到，而是在晚上9点才抵达。自然，没有人来接我。我好不容易找到一辆出租车，送我前往热带雨林中的科考站。随着周围的森林变得越来越茂密，出租车司机逐渐开始害怕。最终，他决定掉头往回开，我使出浑身解数才说服他继续前往科考站。

当我最终到达科考站时，累得快要倒在床上了。但因为一位同事刚发现了一群行军蚁正带着所有的东西搬迁巢穴，我的疲惫立刻消失了。我们戴上头灯，跌跌撞撞地穿过漆黑的热带雨林，发现了一支似乎没有尽头的行军蚁队伍在地面上行进。许多工蚁用上颚叼着金色的蛹。当我仔细观察时，我意识到这些行进的个体并不全是行军蚁，一群五颜六色的不同生物在它们旁边行走。一只蜘蛛加入了队伍，而一些无翅亚纲的衣鱼已经停在了蛹上，让工蚁搬运它们。甚至还有一只小蜗牛，被当作珍贵货物般搬运。这种蜗牛（*Allopeas myrmekophilos*）能够分泌出一种芳香的泡沫，使其能够奢侈地享受“免费列车”。这种泡沫让行军蚁误以为蜗牛是巢穴里的幼虫，因此小心翼翼地用上颚携带它。蜗牛分泌的泡沫是如此有效，以至于当行军蚁在真正的幼虫和蜗牛之间做出选择时，它们往往会优先选择搬运蜗牛。

两个半小时后，行军蚁完成了搬迁。我又累了，真想去睡觉，但同事告诉我，错过即将要看的东西我会后悔的。所以我留下来了，在潮湿温暖的黑暗中耐心等待。有一段时间什么都没有发生。然后，在行军蚁的足迹上出现了一阵骚动，但这些不是行军蚁，而是一群隐翅虫组成的“后卫”。它们的腹部微微隆起，沿着行军蚁的化学痕迹匆匆前行。隐翅虫喜欢在有机会时破坏行军蚁的巢穴，但它们不敢紧随行军的大部队，以免遭受行军蚁的攻击。我感到非常庆幸能及时赶到，目睹了行军蚁的行进。那天晚上很晚的时候，我终于可以躺在床上好好睡了一觉。

残暴的“猎手”

要被归类为行军蚁，这种蚂蚁必须表现出某些特征。与大多数普通蚂蚁不同，比如林蚁会先派出“侦察兵”去寻找珍贵的食物来源，然后再派觅食蚁上路；沙漠蚁会独自处理整个事务。而行军蚁既不采用谨慎侦察行为，也不独自行动，而是立即派出强大的团队，数千只蚂蚁一起展开捕食行动。大多数物种的行军蚁生活在地下，秘密行动。因此，尽管我们偶尔能看到它们在脚下捕食，但对它们知之甚少。钩齿游蚁（*Eciton hamatum*）和布氏游蚁（*Eciton burchellii*）的地面狩猎更为壮观。

这两个物种的行军蚁出发的方式大致相同。天一亮，行军蚁就有了狩猎的兴致。它们拆除营地，形成一支庞大的队伍，开始时是一个宽阔的战线，但很快就变成了一个狭窄的纵队。在旅途中，这些纵队一次又一次地分裂：布氏游蚁的纵队分裂成多个子纵队，形成扇形扫过地面。没有一只工蚁指定扇形应该朝哪个方向移动。布氏游蚁不断地向前跑，相互抬举，形成一股不断向前推进的力量，就像海啸一样。工蚁负责将猎物运送到新营地，而长着威胁性上颚的兵蚁则在队伍边缘站岗。这种多腿的威胁性动物以每小时8米的悠闲速度穿过热带雨林。遇到障碍时，布氏游蚁会扣在一起，形成活的桥梁。钩齿游蚁只通过树叶移动，就能搜寻到蜜蜂、胡蜂和其他蚂蚁等真社会性昆虫的幼虫。另一方面，布氏游蚁对食物不挑剔，它们会捕杀遇到的任何生物。这主要包括其他节肢动物，如蜘蛛、土虱、蜈蚣、千足虫和蠕虫等，以及未能及时逃脱的小型脊椎动物，如蜥蜴、蟾蜍和幼鸟等。对于传统的狩猎蚂蚁来说，这些猎物过于庞大，但成群的行军蚁数量庞大，任何抵抗都是徒劳的。游蚁属（*Eciton*）的行军蚁拥有巨大的镰刀状上颚，不适合切割大型猎物，所以它们选择让猎物躺在那里，这让随行的许多苍蝇甚是高兴。

其他动物也很清楚，这些行军蚁在觅食时，一定会有东西从“传送带”上掉下来。啄木鸟和蜂鸟会从混杂的猎物中为自己挑选美味的食物。其他鸟类和昆虫学家可以通过它们的叫声来锁定蚁群的位置。一些蚁鸟已经习惯了跟随行军蚁觅食，如果没有行军蚁的帮助，它们可能无法找到足够的食物。行军蚁的突袭行动可以持续12个小时，

成千上万的游蚁大军捕猎任何跑得不快的动物，它们占领了大片的林地。

杀死约10万只猎物，在森林里大快朵颐，直到食物几乎耗尽。

到了晚上，它们就会扎营——如果我们可以这么形容的话……

特殊的帐篷

单一地点无法长期满足一群行军蚁的饥饿肠胃，因此，在持续两到三周的游牧阶段里，蚁群不断四处移动。许多物种的行军蚁每天迁移数百米之远，因为它们的幼虫需要持续的食物供应。考虑到这些行军蚁不稳定的生活方式，每次搬迁都建造一个新的巢穴并不值得。相反，它们通常会寻找一个足够大的“庇护所”，比如岩石的裂缝、地上的洞、中空的树干、几根树根，紧急情况下甚至几根靠得很近的树枝。它们在那里搭起了新的营地。它们总是有必要的材料在手边，因为营地是由蚂蚁自己的身体组成的。它们用腿上的特殊钩子扣连在一起，形成了一个活的集群。以布氏游蚁为例，这个营地可以由50万只工蚁组成——外面是年老的个体，里面是年幼的个体——整体重量超过1千克，直径超过1米。生活在地下的矛蚁属（*Dorylus*），如非洲的黑矛蚁烦扰亚种（*Dorylus nigricans molestus*）也经常建造营地。这种行军蚁的巢穴位置是通过地面上一个直径超过2.5米的天坑来确定的，它们会从这个天坑里挖出超过35千克的沙土。在营地内，走廊通向不同的房间，“女王”和它的后代被包围在里面，但它们并不是唯一被保护的对象。

行军蚁不会建立固定的巢穴，只会通过自己的身体搭建营地。

尽管行军蚁在森林中穿行的捕猎效率非常高，但这些“杀手”在它们的营地中竟藏匿了大量的非法“租客”，这几乎令人难以置信。到目前为止，在我检查过的营地中，我发现了包括蜘蛛、甲虫、土虱、衣鱼、蝇、螨和弹尾虫等在内的多种生物。它们以行军蚁的残羹冷炙为食。这不是一个微不足道的小部分，因为与其他蚂蚁相比，行军蚁不太重视营地的卫生。它们也不检查自己的营地是否有寄生虫。在演化的过程中，它们允许新的寄生虫爬进来。人们曾经认为，在行军蚁旁边筑巢的不同种类的隐翅虫具有相同的起源。然而，基因组学比较表明，不同种类的隐翅虫独立地将营地视作潜在栖息地，并已互相适应。

蚂蚁的“客人”——更准确地说，这些寄生虫，之所以能够混入营地，是因为它们出色的伪装能力，使它们具有与行军蚁相似的气味。为了实现化学上的模仿，寄生虫会分泌与行军蚁相同的“鸡尾酒式”气味，或者在行军蚁的尸体上摩擦来获取相同气味。许多寄生虫选择隐藏在营地中更安静的角落，以减少被发现的可能性。然而，当蚁群拆除它们的营地并继续前进时，事情变得棘手。如果寄生虫不能靠自己的六条腿行走，它们就会充分利用其寄生特性，让行军蚁抬着它们一起前行，正如我在马来西亚观察到的那样。

一个能容纳成千上万只行军蚁的营地，本身就是一项实用的发明。它不仅仅是一个移动的宿舍。如果营地在倾盆大雨中被洪水卷走，它就会自动变成一个漂浮的筏子。蚂蚁的外层角质层可以防水，防止营地进水。蚂蚁体表的毛还能锁住一层薄薄的空气，为营地提供足够的浮力，使其即使在最猛烈的大浪中也能保持漂浮。如果一只蚂蚁在水下耗尽了氧气，它就会从包裹中挣脱出来，爬出水面。然后，它的一个姐妹会取代它的位置。这一策略非常有效，不仅被西非的黑矛蚁（*Dorylus arcens*）等行军蚁使用，同样，其他物种的蚂蚁，如小红蚁和红火蚁，它们分别在美国北部和南部蔓延，这在很大程度上得益于采用了这一策略。

然而，与巢穴相比，这种营地确实有一个缺点：它不适应寒冷或

被雨水卷走的红火蚁自动抱团形成一个漂浮的筏子，水下的红火蚁如耗尽了氧气，它就会从包裹中挣脱出来，爬出水面，其他红火蚁会替代它的位置。

干燥的环境。厚厚的土层在炎热的季节吸收热量，然后在寒冷的季节将其释放，从而达到恒温。地下越深，土壤温度越稳定。树窝或由一堆小树枝和针叶构成的木墙可以防止热量流失，这要归功于风洞被堵住，从而能抵御寒流。相比之下，行军蚁的营地是一种墙壁薄、容易漏水的建筑，由一种缺乏任何实际耐热和耐寒能力的材料建造而成。它本质上是一个通风的小屋，只有在温暖的气候下才能提供足够的保护。这就是为什么行军蚁主要分布在南美洲、中美洲、美国南部、非洲和亚洲等较热的热带和亚热带地区。在欧洲，仅在巴尔干半岛东南端发现了棕黄矛蚁（*Dorylus fulvus*）这一种。气候对行军蚁的漫游习性有天然的制约。但是，话又说回来，气候很可能会发生变化。

蚁后又在孕育后代了

行军蚁的蚁后展现了这个勤劳的蚂蚁群体的另一个不同之处。蚁后没有翅膀，并且永远不会离开它的营地。当它希望与一只雄蚁交配时，它会耐心地在营地里等待它的爱慕者，而它的女儿们，也就是工蚁，则准备让“他”与它见面。雄蚁会如童话中的王子一般，成群结队地飞出去寻找它们的“真爱”。如果一只雄蚁足够幸运的话，它会找到蚁后的营地，得到工蚁的认可，并能够与蚁后交配（蚁后可能会与多只雄蚁交配）。为了独自飞行，雄蚁必须知道如何导航，它们拥有两个大复眼和三个额外的单眼。雄蚁视力良好，而许多蚁后和几乎所有工蚁视力不佳。它们的眼睛通常只是单个光学单元小网膜上的小点，而不是复眼的一部分——这还是在它们有眼睛的情况下。尽管如此，威氏矛蚁（*Dorylus wilverthi*）的工蚁却能够区分明暗，这可能是通过皮肤上的光传感器实现的。

威氏矛蚁之所以特别有趣，是因为它拥有两项世界纪录：第一项是它拥有最大的群体，工蚁数量超过两千万只；第二项属于蚁后，它是所有蚂蚁中体型最大的，体长超过5.2厘米，大约是一只没有尾巴的小老鼠的长度。

游蚁属的蚁后体型相对较小，但它们仍然比工蚁大得多。在扎营阶段，蚁后的体型最大。这时，行军蚁已经停止移动两到三周，选择在一个地方停留。此时，原本贪得无厌的幼虫已经化蛹，不再需要持续的食物供应。因此，工蚁不需要经常外出觅食，周围的领土足以暂时养活这个大群体。蚁后利用这段平静期集中产卵。在游牧阶段，蚁后身材苗条且行动敏捷，但现在，它的体型变化之大几乎让人认不出来。它的腹部膨胀到巨大的比例，直到它因体型过大而无法独自行走一段很长的距离。它以巨大的力量产下数以千计的卵，孕育着下一代工蚁。蚁后必须抓紧时间，迅速恢复到游牧时的体重，因为一旦年轻的工蚁孵化出来，就必须喂养新的幼虫。然后，下一个游牧阶段即将开始。

这是我的领地

偶尔，在扎营阶段孵化的许多后代中，会有一些特殊的个体。蚁后终有一天会死去，由于每个蚁群只有一个蚁后，蚁群也会在不久之后衰败。工蚁偶尔会把几只姐妹培育成处女蚁后，让它们继续成长，直到选中一只来建立新的蚁群。潜在的候选者不希望建立自己的蚁群，也不愿被另一个蚁群接受。行军蚁的掠夺性生活方式从一开始就需要大量的工蚁和兵蚁。被选中的处女蚁后会从现有蚁群中获得一大部分工蚁和兵蚁作为“嫁妆”，蚁群将分裂——但只会分成两部分。处女蚁后不止一个，所以它们不能都从现有蚁群中受益。

蚂蚁社会中处女蚁后继承王位的过程，不禁让人想起古装电视剧中的情节。每个候选者拥有不同数量的工蚁支持者，获得最多支持的候选者得到一半的蚁群，然后和它的随从一起离开，希望尽快遇到合适的雄蚁进行交配。另一方面，未被选中的候选者及其忠实的支持者在蚁群中不再被需要，遭到孤立，它们都无法获得食物，只能悲惨地死去——这是所有优秀古装电视剧的悲剧性高潮。

蚁群分成两部分后，各自成为独立的蚁群并各走各的路。如果有一天，它们遇到了彼此或另一个不熟悉的蚁群，尽管它们态度咄咄逼人，但它们通常不会发生冲突。相反，双方会转身朝不同的方向走去。由于行军蚁总是靠步行移动，包括蚁后在内的所有成员都无法跨越像河流这样较大的自然障碍。如果途中没有食物，即使是几百米宽的狭窄森林空地也能限制住它们的行动。同样，对于它们来说太冷的山或山脉也构成了限制。这就是为什么行军蚁的栖息地经常在广阔的贫瘠地区形成自己的小岛。它们通常也不会出现在海洋岛屿或大湖中的岛屿上，因为蚁后不会飞，也不可能被风带到那里。尽管行军蚁可能会四处走动，探索周边，但它们通常会选择待在自己的领地内。

用上颚缝合伤口和香肠蚁

然而，行军蚁并非都遵循相同的生活方式。我们对地下物种的生活方式几乎一无所知，只有少数蚁学家见过一些物种。南非的拟盲蚁属（*Aenictogiton*）就非常神秘，直到今天还没有人见过这个属的工蚁或蚁后，只有雄蚁不时地被发现。即便如此，至少蚁学家能确认它们属于蚂蚁。伟大的博物学家卡洛勒斯·林奈（Carolus Linnaius）——我们必须感谢他提出了双命名法的物种命名系统——他最初误认威氏矛蚁的雄蚁是蜂。目前，可能还有一些雄蚁被错误地分类，因为它们与同蚁群的雌蚁几乎没有相似之处。在一些地区，据说威氏矛蚁很像熟食柜台上的香肠，因此它们也被俗称为香肠蚁。

然而，行军蚁并不总是只出现在菜单上，它们在缝合裂开的伤口方面也非常有用。古老的先进文明大概知道这种做法，马赛人至今仍然在使用这种做法：将蚂蚁的上颚对准伤口，一旦它咬下去，就将其“斩首”。

行军蚁不仅迷人，而且很有用——毕竟你是人类，而不是它们餐桌上的昆虫。

哦，还有昆虫王子——驱逐蚁 Jaglavak[①]的故事……

① 电影《驱逐蚁：昆虫王子》（*Jaglavak, prince des insectes*）的主角。

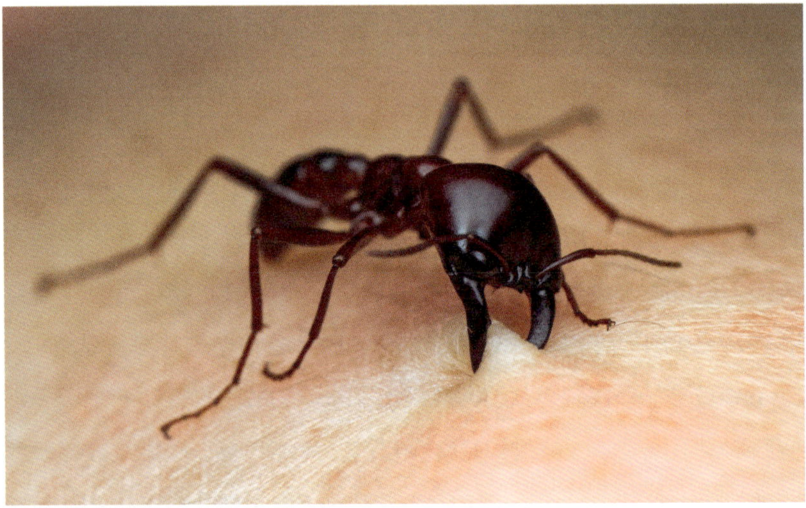

行军蚁的上颚非常锋利，能轻松咬破人类皮肤，某些原始部落和现在的马赛人用它们来缝合裂开的伤口。

昆虫王子

在我们看来，喀麦隆北部的莫夫人的生活似乎艰苦而简朴。这个小部落的村庄位于乍得湖以南不到350千米处，与尼日利亚接壤。该地区非常干燥，除了昆虫和一些鸟类，几乎没有野生动物生活在那里。莫夫人在此种植高粱，它是少数几种能够忍受如此恶劣环境的作物之一。他们将收获的粮食储存在由木梁、大石头和风干的泥土构成墙壁的圆屋里，屋顶都覆盖着稻草。这些圆屋的建造方式与莫夫人的住所大致相同。尽管生活很简单，但莫夫人感到满足。事实上，他们担心的似乎只有两件事：一是不下雨，二是俗称“大水蚁”的白蚁入侵村庄。

白蚁与蚂蚁类似，也是真社会性昆虫[①]。它们在巨大的群体中生活，其中蚁后负责产卵，而工蚁和兵蚁则负责其他事务。莫夫人定居的地区对以木头和种子为食的白蚁而言，宛如伊甸园。但当它们降临到这个伊甸园时，受影响的村庄就得付出地狱般的代价。

白蚁的巢穴大部分位于地下，但它们会钻到莫夫人家的墙壁里，把房子掏空，直到墙壁一碰即溃。如果白蚁爬到屋顶上，它们就会一点点地啃食稻草，直到整个建筑塌陷。然而，到目前为止，最糟糕的事情是白蚁入侵去年的高粱仓库。它们不仅能破坏村民的现有食物，还能危害下一季的种子。难怪白蚁的入侵对一个村庄来说意味着绝对的危险。说到反击，一个有效的解决方案是利用驱逐蚁来驱赶白蚁。

村里的长老们知道要小心对待驱逐蚁。毕竟，驱逐蚁并不是特别讨人喜欢的伙伴，而且咬人很厉害。首先，必须找到一个蚁群，这不是一件容易的事，因为驱逐蚁生活在地下，很难找到它们的巢穴。对于好奇的孩子来说，这是一份理想的工作。大人让孩子散开去寻找驱逐蚁。如果找到了，孩子会通知大人，大人随后会用钩子打破巢穴，把一些驱逐蚁引进一个可密封的容器中带走。回到村子里，村民们热烈欢迎这些作为贵宾的驱逐蚁。村里的长老们会举行一个仪式，把赭石放在白蚁巢穴入口作为礼物，祈求驱逐蚁只吃白蚁，不要伤害房子里的居民或他们的山羊。仪式结束后，村民们能做的就是等待。

---

① 译者注：需要注意的是，白蚁不是蚂蚁。尽管蚂蚁和白蚁在社会组织方式上相似，但它们是完全不同的昆虫类群，彼此间的亲缘关系很远。白蚁与蜚蠊的亲缘关系更近，而蚂蚁则起源于蜂类。两者的相似性在生物学上称为趋同演化。

与此同时，在白蚁巢穴内的走廊里，一幕戏剧性的场面正在上演。驱逐蚁用它们的嗅觉来判断自己身处谁的“王国”，随即投入到你死我活的战斗中。它们用上颚咬住体型较大的白蚁兵蚁的腿和触角，令其丧失行动能力。其他驱逐蚁则撕破被固定住的白蚁兵蚁的外骨骼。驱逐蚁很快就突破了外部的防御，向“寝宫”杀去。房间里照顾白蚁蚁王和蚁后的“侍从”知道危险就在眼前，试图把蚁王和蚁后带到安全的地方。它们又推又拉，终于成功地把这对“皇室夫妇”搬到了主房间。白蚁将头贴在一起，封锁了这对“皇室夫妇”身后的走廊，但这些驱逐蚁足够小，仍可以从缝隙中溜进去。战斗进入下一阶段，通常会持续数天。

莫夫人并不知道所发生的一切。他们对地下发生的事情一点也不感兴趣。对他们来说，最重要的是，在求助驱逐蚁两三个星期后，白蚁已经完全消失了，驱逐蚁也跟着消失了。村庄得救了。

昆虫王子万岁！

第七章

百万居民的城市花园

一只切叶蚁正在搬运一片切割下来的树叶。

当我正在攻读博士学位时，一天早上，我遇到了一件奇怪的事情。那天早上，作为第一个到达研究所的人，我立刻注意到一群切叶蚁在走廊上排成了长长的队伍。这些工蚁的上颚上高举着小小的半圆形橡胶垫，正在从遗传学实验室走向它们巢穴所在的气候室。显然，我们的切叶蚁在夜里逃走了，并马上开始为它们的蚁群收集新材料。因为我们没有盆栽，它们别无选择，只能寻找替品，至少是有点像树叶的东西。我关上实验室的门，跟着这些勤劳的切叶蚁的足迹，发现一群它们的姐妹正忙着切割上面提到的橡胶垫——它们爬上了凝胶干燥机，正忙着将盖子上的橡胶垫切成整齐、易搬运的小块。它们让碎片掉到地板上，然后其他工蚁将其捡起来带走。这和我们在自然界中看到的切叶蚁的行为是一样的，只不过它们切的不是真正的叶子。我不得不尽快打断它们的工作，捕捉它们并把它们送回气候室。值得庆幸的是，它们造成的损害并不大。但从那天起，每当使用凝胶干燥机的盖子时，我们都必须修补上面的洞。每晚，我们还会反复检查，确保巢穴牢固安全。

蚂蚁群落的“花童”

切叶蚁分布于美洲的热带和亚热带地区。在我们已知的47个物种中，分布最北的生活在温暖的路易斯安那州和得克萨斯州，最南的生活在阿根廷的巴塔哥尼亚。它们在欧洲、非洲或亚洲的野外并不存在，但许多动物园都热衷于饲养这些有趣的小动物，并维护它们的巢穴。它们在透明的塑料管里高举着叶旗，这些滑稽的动作让各个年龄段的游客都惊讶不已。甚至连大型户外用品连锁店也使用切叶蚁来吸引顾客，他们相信顾客在购买睡袋和雨衣时，会喜欢观赏这些鼓舞人心的昆虫。毫无疑问：和行军蚁一样，切叶蚁是蚂蚁世界的明星。

这些蚂蚁会把大叶子切成小片，它们因此而得名切叶蚁。

这两个类群咬人的兵蚁都被原始部落居民用来缝合伤口，它们也出现在一些地区的菜单上。在墨西哥和哥伦比亚，有一道名为“Hormigas Culonas”的菜肴，即油炸切叶蚁的处女蚁后，这是一种既美味又具有催情效果的食物，对于这种一生中只交配一天的昆虫来说，这是一种有点不寻常的荣誉。那它的味道是什么样的呢？酥脆、咸，有一点坚果和泥土的味道。我的一位博士生曾经从南美洲带回来了一份没有头、腿和触角的蚂蚁食品。它们不合我的口味，但在某种程度上，也许是因为我为这些年轻的切叶蚁“公主”将永远没有机会建立一个新的蚁群而感到难过。

除了这些少数的相似之处，在丰富的蚂蚁种类中，行军蚁和切叶蚁呈现出截然不同的生活方式。行军蚁是没有固定住所的肉食者，而切叶蚁以素食为生，住在巨大的永久性巢穴中。如何形容这个超级大的巢穴呢？就好比一个拥有百万居民的大都市，它的巨大规模开始让人感到有点拥挤。

特大城市的诞生

年轻的切叶蚁处女蚁后用传统的方式建立它们的蚁群。在它们的婚飞中，处女蚁后至少与5只雄蚁交配，其储精囊中储存了大约3亿个精子。然后它们折下自己的翅膀，徒步寻找一个适合建立新巢穴的地方。它们喜欢植被稀疏的开阔地带，比如乡村道路的边缘，这样它们就可以很容易地挖掘。到达后，“准妈妈”将自己埋在约30厘米深的地下，挖出一个小房间。这是它最后一次外出，在入口外留下一堆土，作为最后看一眼阳光的机会。但它没有时间享受这一刻，它在房间里有很多工作要做。它首先需要在接下来的几天或几周内产卵，孵化出第一代工蚁。此外，它还需要做另一项工作，一项至少对蚁群的命运同样重要的工作——“园艺”。

在蚁后嘴里有一个特殊的囊状结构，也就是颊下囊，里面含有少量真菌菌丝体，这是它从旧巢穴里带走的“嫁妆”。这种真菌并不是什么古老的真菌，而是一种特殊的物种，所有切叶蚁的工作都依赖于它，这一点从接下来的描述中将变得明显。如果真菌死了，蚁后可能会放弃工作，因为没有它，切叶蚁就无法生存。蚁后先把真菌放在地上，用少量液体粪便给它施肥——这是一种不太合适但非常有效的方法，数百万年来已经证明，液体粪便可以促进真菌生长。只有看到真菌开始生长后，蚁后才会撤退去产卵。

在接下来的几天里，蚁后将轮流照顾真菌和自己的后代。真菌很快就长成了厚厚的一层。这时，无论是现在靠无用的飞行肌和脂肪储备为生的蚁后，还是以卵为食的幼虫，都被禁止碰它。只有当最小的工蚁孵化后，这些最小的工蚁才被允许在真菌上爬行。当然，作为回报，它们将被安排在真菌园里工作。切叶蚁将从密封的入口挖出一条通道，开始收集树叶，然后将树叶切碎，带回巢穴内，作为真菌的基质。每一百只蚁后中，只有两到三只能活到这一阶段。之后，它们会把日常事务的管理传给女儿，自己则完全专注于产卵。

蚁后孤独的隐居之所目前只是一个小小的家庭住宅，但其目标是创建一个能够作为超级有机体运作的巨大帝国。

1 000个巢室与300万居民

新巢穴建立的第一年，新的蚁群仍在为生存而挣扎。第二年，蚁群开始稳定增长，不仅体现在蚂蚁数量方面，也体现在工蚁体型的变化方面，显现出多样性。尽管第一代工蚁相当弱小，但随后的幼虫会逐渐成长为更强壮的工蚁，直到最终有了四个亚型的工蚁。首先，是一生都在巢穴中度过的体型最小的工蚁，由于体型小巧，能在菌丝之间穿梭，它们在巢穴中照料真菌。然后，是体型较大的小型和中型工蚁，作为数量最多的两个亚型，它们几乎承担了从收集树叶到防御敌对蚂蚁的所有日常工作。最后是体型最大的兵蚁，蚁群为它们提供了大量的资源，通常只有拥有超过10万只个体的蚁群才能养得起这样巨大的“部队”。尽管培育兵蚁的成本高昂，但投资是值得的，因为兵蚁可以用上颚切开皮革，也可以毫不费力地咬穿人类皮肤，这一点已得到无数蚁学家的证明。我必须承认，在这种情况下，人类是有过错的。切叶蚁本质上是一类爱好和平的小生物，只要不挖它们的巢穴。

在一个已建立的蚁群中，所有的工蚁都住在一个巢穴里，这个巢穴里的居民数量非常多，相当于纽约的宾夕法尼亚车站日常人流量和巴尔的摩人口总和的三到四倍。巴西研究员路易斯·福蒂（Luiz Forti）等蚁学家采取了极端的措施，试图探索这样的大都市可能是什么样子。他们将水泥灌进整个巢穴，待其凝固后挖出形成的雕塑。这听起来很简单，但实际上是一项浩大工程。第一个挑战是说服建筑公司运送约6.9吨水泥和2 000升水到偏僻的地方。然后混合搅拌，以产生足够稀的混合物，以便顺畅流过巢穴内狭窄的走廊。巢穴被填满后，他们需整整等待三个星期，让水泥全部凝固。然后是一项精细的工作，需要用铲子将巢穴挖出来。如果使用挖掘机，操作不当的话，可能会破坏一部分巢穴，那么他们所有的努力都将付之东流。因此，研究人员不得不像考古学家一样，手工挖掘出这个曾经繁荣的“文明帝国”。然而，在流了几十升的汗水之后，研究人员越来越清楚地意识到，这些努力是值得的，因为他们不只挖出了一个巢穴，而是好几个。

这个水泥模型为我们展示了一个相当精确的切叶蚁巢穴的构造实体。中心部分的面积约为50平方米，大约相当于8个停车位的面积。这看起来面积并不大，但切叶蚁运用了类似于纽约将居民挤进宁静的曼哈顿区的建造原则：它们垂直建造建筑物。它们的走廊和房间深入地下达8米左右。一个巢穴一般由1 000到2 000个巢室组成，但这个超级群体由7 864个大小从网球到足球不等的洞穴状巢室构成。研究人员在三分之一的巢室里发现了切叶蚁或真菌，其他的则被它们当作垃圾场。

但这些巢室只是这一迷人结构的一部分，而由各种特殊走廊组成的基础设施也同样令人惊叹。通往巢室的走廊设计有平缓的坡度，防止大雨时积水。但仅此不足以维持切叶蚁和真菌的生存，因为它们都通过呼吸来吸收氧气并释放二氧化碳。如果没有先进的通风系统，这些地下居民可能会窒息而死。这就是为什么巢穴周围环绕着一圈陡峭的通道，从最深处呈弧形向上延伸到地面，尽头是烟囱，以提供充足的通风。它们之间有好几千米长的走廊，其中一些走廊通向100米外的出口和卫星巢。如果我们把这些前哨包括在内，大型巢穴的覆盖面积比几个足球场还大。

整个结构是如此复杂和精巧，让人不禁怀疑有熟练的建筑师参与其中，但切叶蚁建造这一切没有计划，也没有复杂的计算机模拟。它们依靠的是自己的小小的脑、触角上的精密传感器，以及数千万年的演化。

在这些特大“城市”里，生活着200万到300万只切叶蚁。据

切叶蚁巢穴的中心部分面积约50平方米，里面有四通八达的走廊和无数个巢室，还有专用的垃圾场和先进的通风系统。很难想象这个超级帝国是依靠只有小小脑的切叶蚁它们自己建立起的。

估计，甚至在一个“城市”中记录到800万只六刺芭切叶蚁（*Atta sexdens*）。

真菌问题

切叶蚁和许多素食者面临同样的问题：它们不能消化纤维素。然而，不幸的是，植物主要由这种物质组成。因此，素食者如果不能把这项工作委托给他人，就只能挨饿了。兔子、奶牛，以及在一定程度上的人类[①]，肠道中都有微生物，这些微生物能将纤维素分解成我们可以吸收的其他物质。或者，我们直接消化这些微生物。为了利用短肠道来解决这个问题，切叶蚁与一种名为白环菇属（*Leucoagaricus*）的真菌进行了合作。它们定期为真菌提供新鲜的植物基质，并保持其湿润和清洁。作为回报，切叶蚁在真菌线的末端收获有营养的肿胀物，即菌丝球（gongylidia）。幼虫完全依赖这种高蛋白食物，而工蚁也可以在必要的时候吸食叶子的汁液。

无论如何，这就是契约，切叶蚁必须努力工作以确保契约生效。首先，它们派出“侦察兵”在周边地区寻找合适的灌木和树木。它们排除了对真菌有毒的植物，转而寻找多汁的叶子或彩色的花朵。“侦察兵”如何知道真菌在特定时间需要什么仍然是一个谜。毕竟，它们实际上与照顾真菌没有任何关系，因此不知道真菌对哪些植物有反

① 译者注：通常认为草食动物的肠道菌群可以帮助消化纤维素，但人不能。作者在这里可能是想表达包括人在内多数动物都具有肠道微生物的意思。

应，以及如何反应。尽管如此，它们仍能以不可思议的确定性选择理想的培育真菌的基质，并在沿途留下从植物到巢穴的气味踪迹。

然后，这群工蚁就能找到地点，开始一系列精细协调的任务，这在动物王国里是独一无二的。工蚁随即开始工作，爬上即将收获的植物，用其有力的上颚切下大块的叶子。它们的剪切动作更接近于使用锯子，而不是剪刀。它们一边托着叶子，就像一只空着的手托着砧板一样，另一边则向上将其切开，形成一个半圆形切口。如果工蚁认为一片叶子特别合适，它就会用腹部发出敲击声，来吸引它的姐妹。负责剪切叶片的工蚁经常让切下来的叶子直接掉在地上，由负责运输的工蚁收集。

接下来就是著名的“接力赛”，工蚁举着相当于人类举起约300千克重的叶子，以世界级马拉松选手的速度，沿着一条漂亮整洁的路线返回巢穴。如果路程较长，它会把树叶传给另一名“同事”，后者负责“接力赛”的下一段，直到最后这片叶子被放置在巢穴的入口处。这时，最小的工蚁扑在叶子上，将其撕成更小的碎片，然后逐渐切碎。最小的工蚁把这些碎片嚼碎成浆，喂给真菌或菌丝。

据蚁学家称，采摘叶子的过程可能多达29个步骤。尽管一些工蚁在这一过程中会摄入少量汁液，但切叶蚁并不直接以叶子为食，它们只是将叶子用作培育真菌的原料。考虑到这一点，我们就会发现这是一种极其费力的行为。整个百万昆虫群落的工作和福利都依赖于这种真菌。难怪有一大群小“专家”日夜照料着真菌园。有趣的是，是最小的工蚁肩负着蚁群生存的责任。

切叶蚁的工蚁扛着切下来的叶子返回巢穴，用它们培育真菌。

先进的“园艺”

最小的工蚁如此小巧，并非偶然。作为菌落的“园丁”，它们必须能够潜入真菌迷宫，即菌丝体的任何秘密角落。它们利用交织的细丝形成一个洞穴系统，其结构让人联想到天然海绵的洞。最小的工蚁在走廊上爬来爬去，检查真菌的生长情况。它们用嚼碎的叶子喂养真菌，并为新的种植区域奠定基础。这些新区域则用液体粪便进行施肥。最小的工蚁会不时地啃食真菌细丝顶端富含蛋白质的珠状体，并将其分发给幼虫和它的姐妹。这是一个互谅互让的过程，双方都从中获得好处。

但如果讨厌的“杂草”另有图谋，即使是最好的园丁也无法平静地工作。真菌种植者的死敌是另一种名为清洁菌（*Escovopsis*）的外来真菌，它埋伏在那里，伺机侵扰切叶蚁自己栽培的真菌，可能会导致蚁群的毁灭。即使在新建立不久的蚁群中，每15个真菌也可能会有1个被感染。感染会迅速传播，可能在一两年内影响一半的真菌。感染可能会非常严重，以至于蚁群不得不离开它倾注了多年心血和努力的巢穴，重新开始。

为了防止事态发展到这一阶段，最小的工蚁会巡逻整个真菌园，清除外来真菌的任何孢子或菌丝。由于体表上可能携带着各种病原

切叶蚁不是以叶子为食，而是用它们作为培育真菌的基质，只有最小的工蚁才能进入真菌园培育和护理真菌。

体，在外工作的工蚁被禁止进入真菌园。死切叶蚁、树叶的残骸和死去的菌丝体被送往特殊的废物处理室。老年工蚁负责垃圾收集工作，它们频繁地翻转废物，使其更快地分解。就像人类社会一样，这项重要的工作往往是最吃力不讨好的，其他工蚁会避开它们，也不允许它们在巢穴内自由走动，以确保它们不会传播外来真菌孢子或菌丝。但这些预防措施还不足以使外来真菌远离单一栽培的真菌园。为此，切叶蚁还有另一个妙计——一个特殊的盟友。

像任何真正的化学专家一样，切叶蚁定期将它们的化学天赋用于它们的真菌园。八刺顶切叶蚁（*Acromyrmex octospinosus*）最小的工蚁在胸腔后部的胸膜腺产生一种由二十多种成分组成的分泌物，然后将其扩散到真菌上。分泌物包括生长激素吲哚乙酸，它能刺激真菌尽可能快速且密集地增殖。分泌物中还含有抗生素和抗真菌剂，这些成分都是切叶蚁自己无法合成的。这些分泌物实际上是由共生菌产生的，根据物种的不同，它们生活在切叶蚁身体的不同部位，以腺体分泌物为食。因此，切叶蚁的真菌园经常见证4种不同参与者之间的较量，这与动物王国的任何其他比赛都不同。切叶蚁倾向于真菌，而真菌受到外来真菌的攻击，切叶蚁则在共生菌的帮助下与之对抗。这场地下战争已经持续了约5 000万年。数百万年前，切叶蚁培育出了第一批共生菌，启动了一项如此成功的项目，以至于没有它，无论是切叶蚁还是真菌都无法生存。外来真菌和切叶蚁培育的真菌几乎从一开始就参与其中，一方不断想出新把戏，另一方则予以反击。这是一个参与方异常多的共同演化的军备竞赛的例子。

自然界的重要角色

切叶蚁的“地下园艺”的成功归功于奉献、化学反应和大量盟友。但它们在地面上的劳作习惯呢？

这些可以归结为四个字：非常糟糕！切叶蚁会很高兴地把整片田地的柑橘树、可可树、椰子树等果树和棉花等作物的叶子都剥掉。一个蚁群只需要24小时就能剥光一棵柠檬树，其消耗的绿叶量相当于一头牛的食量。仅在巴西圣保罗州，切叶蚁每年就造成约1.3亿美元的损失。但几乎无法阻止它们的破坏行为。唯一有效的防治方法是利用巢穴中废物处理室的废物。因为害怕把外来真菌带回自己的巢穴，切叶蚁会在一个月左右的时间里远离这些废物。但由于无法在网上订购这种神奇防治方法所需要的废物，任何想要采用它的人都必须先挖到切叶蚁的废物处理室。

不只是种植园主对切叶蚁讨厌，养牛者也同样不欢迎它们。在南美洲某些地区，一些切叶蚁会选择草秆作为培育真菌的基质。这些切叶蚁背上有锋利的刺，以防在割草时被放牧的牛误食。咬一口这种四处游荡的“小仙人掌”会导致嘴唇和舌头疼痛，所以牛会避开有切叶蚁的牧场。

所以，切叶蚁不受农民欢迎是有道理的。然而，它们以从不妥协的生活方式在自然界扮演着重要的角色。像所有生活在地下巢穴的蚂蚁一样，它们建造的走廊有助于地面的通风。通过携带树叶和相关真菌进出巢穴，它们为土壤添加了无数的营养物质，否则这些营养物质只能从地表获得。这种特殊的施肥过程使丛林地面的肥沃程度提高了十倍。切叶蚁对生态系统具有非常高的价值，只要你不处于它们的活动范围内。

小而致命

农民并非切叶蚁唯一的敌人。它们被食蚁兽、犰狳、蜥蜴和鸟类等视为一种简单快捷的零食。由于挥舞着“旗帜”，切叶蚁很容易被发现，同样它们的巢穴也很容易被找到。像食蚁兽这样拥有强大爪子的动物，可以很容易地撕开位于地面上的巢穴的顶部。或者这些饥饿的捕食者只捕捉沿途小跑而过的切叶蚁，就像切叶蚁被传送带运送过来一样。切叶蚁对这两种方式都深感不安，所以它们把自己的“战士”派到“前线”去对付攻击者。兵蚁用强大的上颚与食蚁兽和犰狳等巨大的敌人作战。它们能咬穿厚厚的皮肤，至少会给敌人造成显著的不适。面对较小的攻击者，比如不熟悉的蚁群，切叶蚁会集结由较小的工蚁组成的更大规模的“军队”。同一物种不同蚁群之间的冲突可能涉及数千名“战士”，并可能持续数天。“军队”的规模往往决定了一切。

然而，当涉及对另一群蚂蚁发动战争时，切叶蚁往往处于劣势。阿兹特克蚁（*Azteca*）与某些植物密切合作，它们以植物为食，并保护植物免受害虫的侵害（见第八章《帝国的树屋》）。由于阿兹特克蚁的体型比切叶蚁小，且数量也少，它们想出了另一种策略来保护它们的团队：设置陷阱。为此，它们把树枝啃出隧道，并在隧道中咬出一个通向地面的洞，然后隐藏在这些隧道里等待。一条简单的分支隧道可能像瑞士奶酪一样坑坑洼洼，也可能像雷区一样危险。如果切叶蚁走进其中一个洞，阿兹特克蚁就会咬住切叶蚁的脚并紧紧抓住。当切叶蚁试图挣脱时，它会跌跌撞撞地钻进其他洞里。很快，切叶蚁就无法移动，成为阿兹特克蚁的猎物。“侦察兵”在去过阿兹特克蚁的树枝隧道后，很少能逃回它们的蚁群。这种陷阱非常有效，连行军蚁也会对这些树枝隧道敬而远之，像蚱蜢等大型昆虫也没有机会逃脱。

对巢穴外工作的切叶蚁来说，空中存在一种特殊的亲密威胁。寄生性的蚤蝇（*Pseudacteon*）喜欢把卵产在切叶蚁兵蚁的胸部，特别是在这些兵蚁携带叶子时无法自卫的情况下。一旦孵化出来，蚤蝇幼

蚤蝇喜欢把卵产在携带叶子时无法自卫的切叶蚁兵蚁的胸部，但普通工蚁趴在姐妹或叶子上，保护它们不受蚤蝇的攻击。

虫就会爬进兵蚁的脑袋里，开始从里到外吃宿主。大约两周后，兵蚁的脑就所剩无几了，以至于兵蚁再也无法确定方向，漫无目的地四处游荡。几周后，兵蚁的头会完全脱落，这就是蚤蝇得名“蚂蚁斩首蝇”的原因。蚤蝇幼虫在分离的头部内化蛹，新的蚤蝇很快就会出现。

事情没必要走到这一步。为了将这一危险的过程扼杀在萌芽状态，兵蚁通常会有“防空”工蚁陪同。普通工蚁趴在姐妹或叶子上，保护它们不受蚤蝇的攻击。在这些“空袭”的间隙，它们还处理了叶子上的有害微生物。普通工蚁本身就有一种天然的防御方式：它们太小了，不适合作为蚤蝇幼虫的宿主。

第八章

帝国的树屋

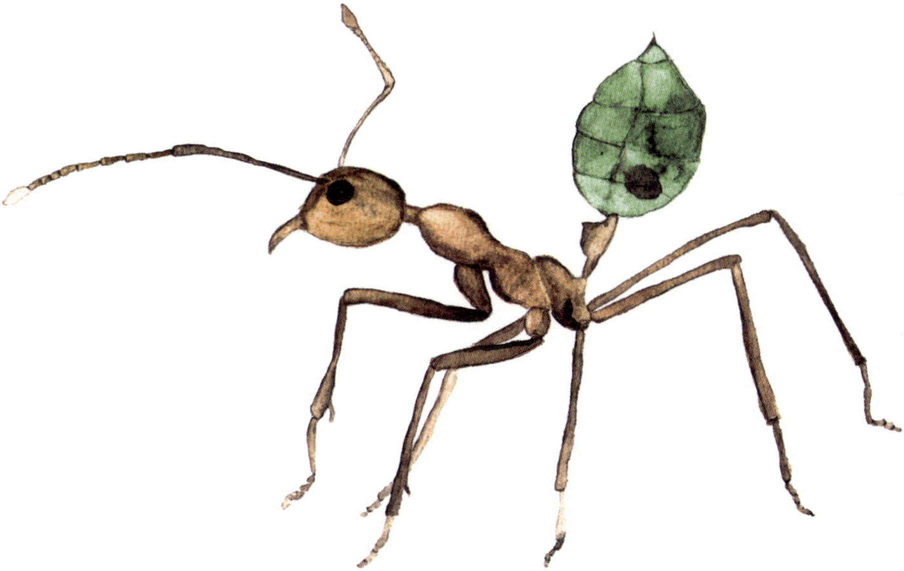

翠绿织叶蚁（*Oecophylla smaragdina*，又称黄猄蚁）因后腹部为绿色[1]，而被称为绿蚁。

---

① 译者注：这个物种并非所有地区的工蚁后腹部都是绿色的，但是通常处女蚁后的体色都带有绿色。

蚂蚁的“园艺”习性不仅限于真菌培育。在悉心照料某些植物方面，这些挑剔的小生物是动物王国里最成功的“园丁”之一——当然，人类除外。它们甚至不惜清理大片林地来创造单一栽培区。在使用天然肥料方面，它们是专家。

从本质上讲，这是一种非常简单的策略：宿主植物为蚂蚁提供栖息地和食物，作为回报，蚂蚁会清除任何可能威胁到宿主植物或与之争夺资源的东西。喜蚁植物是一种与蚂蚁以互惠互利的方式合作的植物，用科学的术语来说，是与蚂蚁协同演化的植物。这一共生关系很有吸引力，已有超过百种分属不同科的植物和数百种蚂蚁演化形成了这些密切的关系。

偷窃＝食物

二齿猪笼草（*Nepenthes bicalcarata*）和它的蚂蚁之间的共生关系堪称自然界中最令人费解的例子之一。乍一看，这种关系似乎违背了互惠共生的基本原则——蚂蚁在剥削宿主植物而不提供任何回报。

猪笼草面临着一个共同的问题，那就是它们生长在无法提供氮的基质上。没有氮，植物很可能会无法正常生长，因为氮是蛋白质、DNA 和叶绿素等基本分子的重要组成部分。求生不能挑三拣四，猪笼草找到了一个有点不寻常的解决办法：通过欺骗的方式捕捉昆虫并吃掉它们来获取氮。这些昆虫以其他植物为食，吸收它们的氮并将其储存到自己的体内。这种做法使昆虫在某种意义上扮演了氮的收集者。而对于食虫植物来说，昆虫相当于行走的氮补充物。为了从这些有价值的“膳食补充剂”中获益，猪笼草把一些叶子变成了猪笼子的形状，它们因此而得名。这些罐子边缘非常光滑，周围分泌有甜美的蜜，吸引昆虫，当它们试图品尝时，便会滑进去，溺亡在罐子里的消化液中。这是一个彻头彻尾的魔鬼般的结构，完美的构造和高效的捕食策略为猪笼草提供了额外的氮。前提是没有人试图偷走它们的猎物。

然而，这正是发生在婆罗洲特有的二齿猪笼草身上的事情。它们的茎是半空心的，而施密茨弓背蚁（*Camponotus schmitzi*）就喜欢在这些空心内部筑巢。这些施密茨弓背蚁已经完全适应了和它们的宿主植物一起生活。它们腿的跗节上具有黏性足垫，使它们能够在光滑的罐子内壁上行走而不滑倒。它们的身体覆盖着高碳醇，可以充当润滑剂，帮助它们更容易进出水面。施密茨弓背蚁利用这种能力进行鲁莽的盗食行为：它们爬进罐子里，从消化液中打捞出肥美的猎物。它们沉入消化液中，花费约30秒的时间寻找猎物，而且能毫发无损地浮出液面。然后，它们需要花好几个小时才能把这几厘米长的猎物搬运到罐子的边缘，因为它们很难找到合适的支撑点。最终，它们把猎物带到巢穴，而二齿猪笼草一无所获。然而，真的是这样吗？

事实上，仔细观察后会发现，二齿猪笼草并非表面上看似无助的

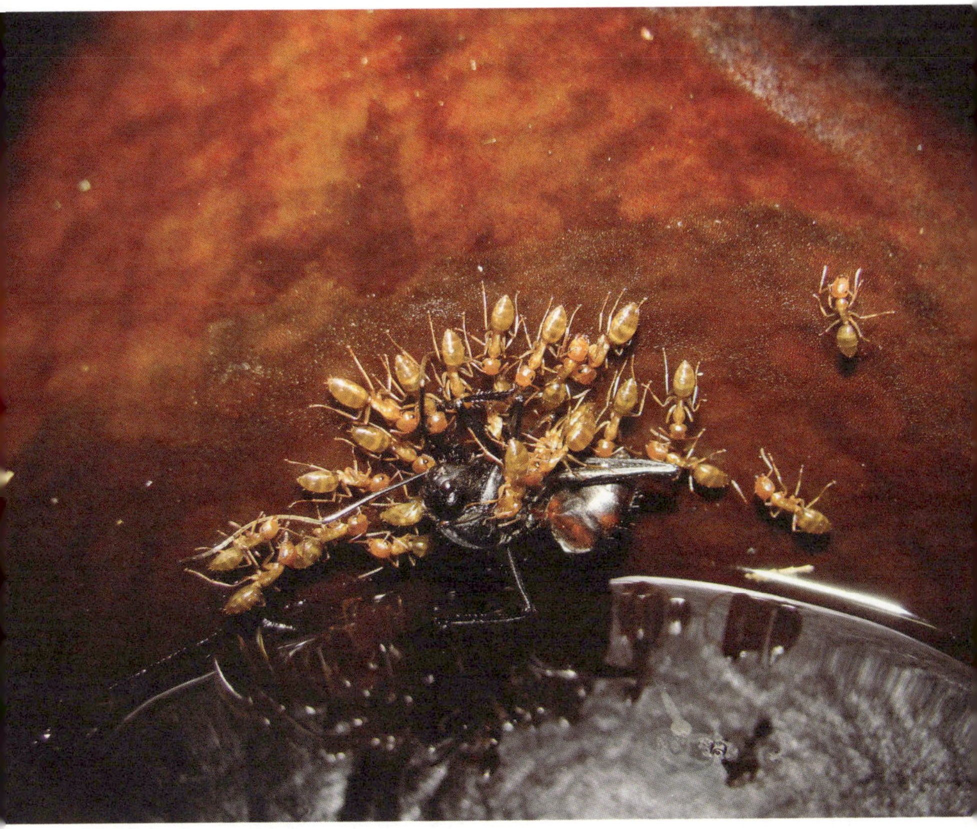

施密茨弓背蚁（图中黄色蚂蚁）寄居在二齿猪笼草里，它们经常潜入二齿猪笼草的罐子里偷走猎物（图中深色蚂蚁）。

受害者。相反，它们帮助施密茨弓背蚁抢劫自己。这种特殊品种的猪笼草的叶子不像其他品种的那么滑，这使得施密茨弓背蚁能够爬进爬出而不滑倒。它们的消化液也没有其他品种的那么具有致命性。这些消化液不是酸性的，含有较低浓度的酶，因此施密茨弓背蚁能够短暂停留寻找猎物。这还不够，二齿猪笼草还为施密茨弓背蚁提供花蜜作为额外的奖赏。在这样做的过程中，它们降低了死亡陷阱的致命性，顺利让施密茨弓背蚁偷走猎物。那么，它们能从中得到什么呢？

答案在于它们之间的平衡关系。虽然二齿猪笼草在没有施密茨弓背蚁的情况下也能生存，但如果没有施密茨弓背蚁，二齿猪笼草就无法茁壮成长。这得益于施密茨弓背蚁的一些常被忽视的行为，这些行为对二齿猪笼草的生长至关重要。例如，有时较大的猎物在最后一刻成功地从罐子中逃脱出来，带着所有宝贵的氮逃走了。施密茨弓背蚁会抓住这些猎物，防止氮流失。它们还捕捉苍蝇和蚊蚋的幼虫，这些幼虫若未被捕食，可能会继续在二齿猪笼草中生长，从消化液中吸收氮，直到成熟后飞离。从二齿猪笼草中摄取的氮并没有消失，而是进入了施密茨弓背蚁的体内。施密茨弓背蚁是真正的居家一族，它们更喜欢躲在空心茎的巢穴里度过一生。它们在这里搬运猎物、储存粪便、完成任务，直到最终死亡。所有这些过程的最终产物都含有氮化合物，这些化合物在分解时被释放出来，并通过茎内的细胞被二齿猪笼草吸收。最终，施密茨弓背蚁不会从二齿猪笼草中偷取任何氮，它们只是简单地把猎物从不安全的罐子里运出来，放到茎里。植物以这种间接的方式吸收了一半到四分之三的氮。此外，施密茨弓背蚁还能抵御以二齿猪笼草为食的象鼻虫，并清除真菌孢子和其他病原体。如果这都不算好交易，那什么才算呢？

提供食宿的花园

然而，蚂蚁和宿主植物之间的关系并非总是如此微妙。蚁栖树（*Cecropia peltata*），又称号角树，几乎完全依赖阿兹特克蚁产生的废物来获取所需的氮。这种共生关系在南美洲热带丛林中尤为高效，使蚁栖树能在南美洲热带丛林中迅速填补生态位空白。蚁栖树作为阿兹特克蚁的宿主植物给它们提供庇护，主要是为了保护自己免受害虫和捕食者的伤害。阿兹特克蚁经常成功抵御切叶蚁的攻击，就像我们在第七章《百万居民的城市花园》中所述。作为回报，蚁栖树为阿兹特克蚁提供了一个安全的地方，让它们生活在中空的树干里。我们蚁学家称之为“domatium”或“myrmecodomatium”，意思是“蚁居”，但听起来要聪明得多。由于阿兹特克蚁总能在其他地方找到舒适的住所，因此蚁栖树提高了它们的“待遇”，比如在叶柄下面长出小食物球。这些小食物球被称为缪勒体（Müllerian），它们富含蛋白质和脂肪，是阿兹特克蚁幼虫理想的营养来源。成熟的阿兹特克蚁主要用软蚧的甜排泄物来满足它们对营养的需求，阿兹特克蚁把这些软蚧留着“挤奶”。只有在没有养殖软蚧的蚁群中，阿兹特克蚁才会啃食尸体。

除了抵御饥饿的切叶蚁，阿兹特克蚁还保护蚁栖树免受附生植物的威胁。附生植物，也称空气植物，已经演化出了一种策略来应对光线竞争：它们选择“租一个顶楼套房”，也就是在树的上层树枝上定居，以尽可能地长得高和快。尽管附生植物不同于寄生植物（如槲寄生），不会从宿主树中吸取营养或窃取其汁液，但它们对蚁栖树来说

那些和蚂蚁“结盟”的宿主植物，会给蚂蚁提供舒适的筑巢场所，有些还会提供额外的“点心”。

是一种负担。它们遮住了蚁栖树本身的叶子，阻止蚁栖树吸收足够的光进行光合作用，其重量还可能导致树枝折断。然而，如果这棵蚁栖树是阿兹特克蚁的巢穴所在，它就不必担心：阿兹特克蚁会像摧毁藤蔓和爬行植物一样无情地摧毁附生植物的幼苗。

尽管这种共生关系带来了诸多益处，但它给蚁栖树带来了一个坏处：它们的“小住户”吸引了啄木鸟，啄木鸟不停地啄树干和树枝，以捕食美味的阿兹特克蚁及其卵。尽管如此，这种安排似乎总体上是可行的。虽然双方都能独自生存，但它们更喜欢一起生活。

如果悬而未决，让别人依赖你总是一个不错的选择。

“瘾君子”

有些蚂蚁非常重视“园艺”。锈色伪切叶蚁（*Pseudomyrmex ferruginea*）会将任何接近它们的东西视为威胁，并在觉察后立即发起攻击。例如，一个不知情的研究人员的气味随风飘入它们的家园——金合欢树，便会触发警报。“士兵”们日夜在树枝上巡逻，“侦察兵”们则在金合欢树的底部四处奔跑。一瞬间，成千上万的工蚁会从它们居住的大而中空的托叶刺中涌出，扑向研究人员、山羊或蝉。作为对锈色伪切叶蚁提供保护的回报，金合欢树在其长达17厘米左右、形似水牛角的托叶刺里为锈色伪切叶蚁提供了生活空间。此外，它们还提供以发现者托马斯·贝尔塔命名的贝尔塔体——一种令人垂涎的食物球，以及位于其小叶尖端的营养蜜。我们可能会认为，到目前为止，这种共生关系看似很正常，但事实并非如此简单。金合欢树提供的蜜不断吸引着这些“客人”，而这种吸引背后隐藏着更复杂的共生机制。

看起来，金合欢树会非常小心地照料锈色伪切叶蚁。工蚁不能消化蔗糖，即我们所知的普通家用糖，令人惊讶的是，锈色伪切叶蚁从金合欢树中摄取的蜜汁与其他植物的不同，它不含蔗糖。然而，我们对这种友好共生行为的兴奋只持续到我的同事马丁·海尔（Martin Heil）和其他研究人员将这些锈色伪切叶蚁带进实验室，孵化出新的工蚁。研究发现，新孵化的锈色伪切叶蚁实际上能很好地处理蔗糖。至少在它们尝到金合欢树的蜜汁之前是这样。然而，一旦品尝了金合欢树的蜜汁，它们的消化系统便拒绝处理蔗

锈色伪切叶蚁保护其宿主金合欢树，将一切接近宿主的东西视为威胁。一旦触发警报，成千上万的工蚁会从宿主那水牛角状的中空托叶刺中涌出来，扑向入侵者。

糖。突然间，实验室中锈色伪切叶蚁体内负责消化蔗糖的转化酶失效了。马丁和他的同事们发现，这种转化酶遭到了破坏。罪魁祸首是谁？就是金合欢树！这种看似体贴的蚂蚁朋友用一种背信弃义但特别有效的方法使自己变得不可或缺：金合欢树秘密地将第二种酶——几丁质酶混合到蜜汁中，使锈色伪切叶蚁的转化酶永久失效。一旦锈色伪切叶蚁吃了这种蜜汁，它们就会立刻上瘾，再也不能处理任何其他的蜜汁，余生都将依赖于金合欢树的蜜汁。但是金合欢树为什么要这样做呢？

回到人际关系的世界，热情总是好的。现在，金合欢树不知道它对锈色伪切叶蚁做了什么，当然，它也没有冷血地制定破坏计划。但随着锈色伪切叶蚁和金合欢树的协同演化，这棵树显然通过迫使它的保护者绑定在自己身上而得到回报。当金合欢树无法吸引锈色伪切叶蚁的时候，其他昆虫可能会以更凶猛的速度吃掉金合欢树，快速生长的植物也可能对其构成威胁。然后，金合欢树不得不投入大量的能量和资源来合成相应的防御分子。相比之下，吸引锈色伪切叶蚁是一个更高效且更具侵略性的解决方案，因为锈色伪切叶蚁只能和金合欢树共存。锈色伪切叶蚁每次都是背水一战，需要时就投入战斗。因此，只有很少的生物能在金合欢树上生存，这也使得金合欢树成为地球上唯一以素食为主的蜘蛛的家园。

吉氏黑豹蛛（*Bagheera kiplingi*）的学名来自《奇幻森林》的作者拉迪亚德・吉卜林。正如其名，这种小跳蛛非常聪明，常栖息在金合欢树的老树枝上。这些树枝不分泌蜜汁，因此通常不会引起锈色伪切叶蚁的注意。偶尔，锈色伪切叶蚁的巡逻队可能会误入吉氏黑豹蛛的领地。但大多数时候，吉氏黑豹蛛可以自由地享受和平与安宁。吉氏黑豹蛛只有在需要进食时，才会冒险爬到较年轻的树枝上。它们会尽其所能地避开锈色伪切叶蚁，甚至模仿其移动方式以避免被发现。它们的目标是获取构成其主要食物来源的贝尔塔体。偶尔，它们也会啜饮金合欢树上的蜜汁，或者会吃几只锈色伪切叶蚁及其幼虫，甚至小苍蝇。尽管吉氏黑豹蛛几乎是素食主义者，也有展现杂食性的时候。

与此同时，锈色伪切叶蚁不仅能保护金合欢树免受附生植物的侵害，还能防止其他小植物在其附近生长。它们会啃食树干周围约半米范围内的所有嫩枝。这种行为的影响范围虽小，却能让你能够大致了解蚂蚁是如何严格管理其他不需要的植物生长区域的。

“魔鬼花园”的内部

在丛林的中心，你会突然发现一片明亮的空地，这里通常只有一种植物生长，周围环绕着乔木和灌木，没有其他植物与之竞争，当地人称呼这里是“魔鬼花园”。据说这是楚亚查奎（Chullachaqui）的作品。

楚亚查奎并不好看。他身材矮小，一条腿比另一条腿短。当然，他不介意。根据盖丘亚人的传说，楚亚查奎能随时变成另一个人或动物。他时而伪装成家庭成员，诱使人们进入丛林；时而伪装成猎物，引导猎人误入歧途。有时他甚至会绑架一个孩子，把他抚养成人，直到他也成为楚亚查奎——一个住在丛林秘密空地上的鬼魂或恶魔，惩罚任何违反他规则的人。

但是，一个称职的蚁学家不会因此而止步。

我的同事黛博拉对这些传说毫不畏惧，正如她不畏惧亚利桑那州沙漠的高温，我们在第五章《精准导航》中提到过她。她花了4年的时间研究秘鲁和巴西迷宫般的“魔鬼花园”是如何形成的。“魔鬼花园”通常以来自茜草科的微蚁树（*Duroia hirsuta*）为主，其他植物则来自野牡丹科的蚁绢木（*Tococa*）和毛绢木（*Clidemia*）。当地人不知道这些单一植物是如何形成的，他们只知道这不是人类所为。在他们的传说中，楚亚查奎被视为这些花园的创造者。那么，真相是什么呢？“魔鬼花园”实际上是由一种蚂蚁造就的。

舒曼微蚁（*Myrmelachista schumanni*）与它的宿主植物有一种契约：绢木（*Duroia*）、蚁绢木和毛绢木灌木丛的枝条和茎为舒曼微蚁提供庇护的虫室，而作为回报，宿主植物得到了一支“私人军队”，保护它们抵御各种饥饿的草食动物。然而，舒曼微蚁在保护宿主植物时表现出一定程度的狂热。当一只舒曼微蚁在突袭中遇到一株非宿主植物的芽时，它就会变成一个六条腿的“小恶魔”。它会在植物组织上咬洞，并注入蚁酸。尽管少量的蚁酸通常不会造成什么伤害，但舒曼微蚁并不孤单——一个蚁群可能有多达300万只工蚁。黛

不仅仅是人类通过砍伐原始森林，种植目标作物而形成单一植物的植被，自然界中也存在类似的生态现象。例如，森林中只有几百株绢木植物组成的单一灌丛是由舒曼微蚁创造的单调的“魔鬼花园”。

博拉的研究表明，成千上万只舒曼微蚁的蚁酸积累起来，就能成为一种非常有效的除草剂。几小时内，植物主导管上的组织就会坏死，嫩芽也将在一周内死亡。任何试图在“魔鬼花园”中立足的非宿主植物都将面临同样的命运。舒曼微蚁对“魔鬼花园”的控制是绝对的。无论非宿主植物多么美丽或多么稀有。这些邪恶的“小园丁”甚至不容忍任何不熟悉的植物，哪怕它们能为舒曼微蚁提供适合巢穴的虫室。在它们看来，它们的宿主植物一定是至高无上的，其他的植物都不被允许存在。因此，“魔鬼花园”变成了由几百株绢木植物组成的单一植被，占地面积有2个篮球场那么大。这种单一植被在热带多样性的背景下显得格外单调。

当然，这种规模的“魔鬼花园”是舒曼微蚁多代努力的成果。但对舒曼微蚁来说，这不是问题。它的蚁群可能拥有多达15 000个蚁后，每个蚁后都会繁殖新的后代，使得这些“魔鬼花园”基本可以永远存在下去。黛博拉根据“魔鬼花园”的面积推算，她考察过的最大的“魔鬼花园”已有800多年的历史。这无疑是蚂蚁和植物间成功的合作。但真的是这样吗？毕竟，和魔鬼做交易必须付出代价！

尽管“魔鬼花园”是由舒曼微蚁创造的，但它面临着与人造单一植被一样的问题：这些区域极易成为饥饿昆虫的诱人“自助餐”。“魔鬼花园”内的树梢密度低于野生丛林，充沛的光照使得它们更加明亮，几乎就像在聚光灯下一样，不可避免地吸引了路过昆虫的注意。例如，当一只蝉被光线吸引过来时，它会看到几十棵同样的植物挤在一个小空间里。这无疑是任何以微蚁树叶子为食的昆虫的天堂，尽管它们完全不知道“魔鬼”在其中扮演了什么角色。舒曼微蚁虽竭尽全力保护它们的宿主植物，但即使是一个有一百万只舒曼微蚁的蚁群也无法实现全方位防御。因此，“魔鬼花园”中的微蚁树实际上比丛林中其他地方的孤立树木更容易被啃食。黛博拉推测，这可能是阻止舒曼微蚁随时间将整个丛林变成巨大的“魔鬼花园”的原因。

然而，宿主植物与蚂蚁的共存关系肯定对宿主植物是有益的——宿主植物为蚂蚁提供了额外的空心膨胀物作为住所，如果蚂蚁的行为对宿主植物有害无益，宿主植物就绝不会容忍它们。就像我们在蚂蚁的树顶花园中所看到的那样。

蚂蚁花园

许多与宿主植物共生的蚂蚁都全身心地投入到捕食动物和清除杂草中。然而，究竟是什么使某些植物被定义为杂草呢？在蚂蚁的世界里，就像在人类世界里一样，这是一个见仁见智的问题。一些蚂蚁物种与附生植物形成了伙伴关系，这些附生植物沿着乔木和灌木的较高分支蔓延。它们的蚂蚁花园不仅仅是空中的床，更是云中的小城市，有时同时是几种蚂蚁的家园。

这一过程通常始于鸟类留在树枝上的附生植物种子，比如凤梨、无花果或蔓绿绒。这些种子经过鸟类消化道后几乎不受影响，几天内就能发芽，并利用气根附着在下方的基质上。从那时起，附生植物是相当安全的，但需要水和营养，因为它的根尚未深入土壤。如果这棵附生植物幸运的话，它不需要等待太长时间就能得到帮助。它的救星可能是蚂蚁，比如股弓背蚁（*Camponotus femoratus*）。附生植物

有些蚂蚁喜欢在树上培育空中的花园。

的气根网络为蚂蚁提供了一个舒适巢穴的完美结构。蚂蚁会迅速将土壤拖到附生植物上，将它塞在根纤维之间，或者用一种咀嚼过的木头和植物残片制成的纸浆混合物来建造纸板巢。树根为巢穴提供稳定性，并将其固定在树枝上。一旦固定，巢穴就能长到足球那么大。蚂蚁搬运的土壤也为其他生物提供了最低程度的湿度保障。真菌通过菌丝增强了巢穴的稳定性。甚至，一场普通的风暴也无法撼动这些巢穴。由于不同种类的蚂蚁喜欢不同的位置，一些森林的树冠上悬挂着各种各样的巢穴，通常装饰着漂亮的花朵。

一些附生植物用营养丰富的天然产品奖励蚂蚁的"空中园艺"。蚂蚁主要以蚜虫的甜美蜜露为食，并将蚜虫放在离巢穴不远的地方。但它们不会忽视附生植物为它们特制的额外花蜜。一些悬空的附生植物还为它们的种子提供一种小附属物——油质体。若蚂蚁发现了这些种子，它们会将种子带回巢穴，随后吃掉油质体。蚂蚁对种子本身并不特别感兴趣，种子通常被忽视，很快就会发芽。有些种类的蚂蚁会给巢穴中的幼苗施肥和浇水，促使其生长，直至突破巢壁。随着新生根系与枝条间隙被土壤填塞，蚂蚁花园得以持续扩张。因此，建造蚂蚁花园是一个丰富多彩的过程：不同的动物、植物和真菌相互给予，每个个体各展所长，在贡献中获取生存资源——至少绝大多数参与者如此。尽管作为蚂蚁花园基础的树可能一无所获，但至少住在树顶的蚂蚁不会挪用树叶。在这个期许下，就没必要挑剔物种了——何况蚂蚁更擅长"园艺"。

树中的“城市”

并非所有蚂蚁都是单调的黄色、红棕色或黑色。还有红色的蚂蚁，比如在第六章《野蛮的游牧部落》中提到的驱逐蚁 Jaglavak，它们负责从白蚁手中解放莫夫人的村庄。此外，还有绿色的蚂蚁。翠绿织叶蚁的蚁后有鲜绿色的腹部，像新鲜的豌豆。尽管工蚁的颜色不那么鲜艳，但仍然有足够的绿色，因此在东亚和澳大利亚被俗称为“绿蚁”。

翠绿织叶蚁是现存两种织叶蚁中的一种。有趣的是，在非洲热带地区发现的另一个物种——长结织叶蚁（*Oecophylla longinoda*）根本就不是绿色的。事实上，它的颜色介于黄褐色和浅红色之间。在2 300万至5 600万年前，织叶蚁家族的数量远多于现在，一些成员遍布欧洲，偶尔会被困在树脂液滴中。随着时间的推移，这些树脂液滴变成了琥珀，将织叶蚁保存至今。然而，不幸的是，我们不知道这些已经灭绝的物种是否真如它们名字所暗示的那样，是伟大的编织者。尽管当今世界上有许多琥珀，但从来没有一块大到足以容纳整个织叶蚁的蚁群。

然而，今天的织叶蚁在巢穴建造方面毫不逊色。它们不能不编织，因为庞大的群体（工蚁数量有时超过50万）需要住所。但由于织叶蚁住在树冠层，这里大型空洞稀缺且相隔甚远，无法满足其居住需求。为此，它们发展出一种神奇的方法来建造自己的巢穴。

当旧的巢穴损坏或太小而需要搬到新的巢穴，或者织叶蚁只是想要改变一下时，主要的工蚁就会成群结队地出去，寻找一个合适的叶子。它们探索树冠，竭尽全力地拽动树叶。当一只工蚁发现一片合适的叶子时，附近的工蚁也会加入进来，协同工作。它们的目标是利用几片叶子创造一个空间。它们必须把叶子的边缘拉在一起，这不是一项简单的任务。起初，叶子往往相隔很远，以至于一只工蚁无法同时触及两边的叶子。所以，工蚁会用身体形成一条链条，从一边连接到另一边。一只工蚁抓住叶子的边缘，下一只抓住前一只的腹柄，以此类推，直到链条末端的工蚁能抓住另一片叶子的边缘。它们协同工作，单条链条往往不足以完成任务，所以更多的工蚁会创建并行链条。最终，即使是最坚挺的叶子也会弯曲，让工蚁能够并排抓住两边的边缘。这样，最艰难的挑战就这样被克服了。

接着就是“编织”过程，尽管实际上更接近于“黏合”。建造新巢穴的工蚁不能仅靠上颚永久地把叶子黏在一起，所以，其他工蚁迅速前往现有巢穴并带回一些处于最后发育阶段的幼虫。在这一发育阶段，幼虫有丝腺，能分泌细而耐用的丝线。幼虫通常用这种丝线来结茧，平安地完成从毛虫状的生物向成年蚂蚁的转变。但织叶蚁发现了这些丝线的更好用途，负责“编织”的工蚁将幼虫直接举过叶子边缘，用触角轻触幼虫头部，使其开始分泌丝线。被操控的幼虫展现出惊人的精准度，仿佛深谙精密协作的要义。工蚁将幼虫移到叶子的另一侧，拉出丝线横跨两片叶子的边缘。工蚁来回摆动，轻拍幼虫头部，刺激其分泌更多丝线。幼虫就像织布机上的梭子，把丝线从一边送到另一边，完成“编织”。

要把所有的叶子“编织”在一起，形成一个舒适的空间，可能需要几个小时到一天的时间。织叶蚁用丝线做的内墙来装饰中空巢穴的

织叶蚁筑巢是团队的合作成果：工蚁组成“蚁链”，把合适的叶子拉弯到适合位置，然后，它们衔着会分泌丝线的幼虫来回穿梭于叶子之间，用丝线将叶子黏合在一起，形成中空的巢穴。

内部，然后新的巢穴就准备好了。筋疲力尽的幼虫，现在没有丝线来结茧了。但它们的群体不会抛弃它们，因为它们已经无私地牺牲了自己，巢穴所提供的保护足以让它们以不结茧的方式成功羽化成蚂蚁。然而，新的巢穴还缺少一些负责照料幼虫的工蚁。这些工蚁几乎从不主动离开巢穴，至多会冒险外出几步去获取蚁群里蚜虫的蜜露。当蚁群移动时，这些工蚁会被体型较大的工蚁接走，带到新筑的巢穴。

新筑的巢穴并不是蚁群唯一的居所。成熟的蚁群通常拥有几十甚至几百个巢穴，这些巢穴直径约50厘米，分布在几棵树上。蚁群领地的边缘主要由年长的工蚁守卫，它们驻守在自己的“营房”里，监视四周，确保没有外来蚁群发现它们的地盘——对织叶蚁而言，同一物种的“邻居”是最严峻的生存威胁。每只织叶蚁都通过肛门上的棕色小液滴来仔细标记自己的领地。领地之间存在类似军事分界线的区域，任何一方的工蚁都不得越过。尽管如此，偶遇还是时有发生。此时，双方会互相威胁，它们的上颚张开，腹部陡然竖起，必要时会展开战斗。

至少从公元304年开始，东南亚的人们就开始利用织叶蚁来达到自己的目的。果农保育织叶蚁，并在种植园里放置它们来消灭害虫。这些活泼的小帮手至今仍被用来清除树木上的害虫，以至于农民很乐意原谅织叶蚁在收获季节咬了他们，尤其是织叶蚁还会给他们带来了一点额外的收入。在亚洲的一些地区，蚁后的幼虫被视为美味佳肴，价格高达优质牛肉的两倍。相比之下，工蚁的幼虫就不那么值钱了，它们被当作高质量的鸟饲料出售，被称为“kroto”。当然，织叶蚁也是印度和中国传统医学中药物的成分，用于壮阳和治疗风湿病。在澳大利亚，如果运气好的话，你甚至可以买到用织叶蚁而不是柠檬调制的凯匹林纳酒。

第九章

蚂蚁和它们的牲畜

一只蚂蚁用触角敲击蚜虫的腹部，从而获取甜美的蜜露。

人类历史上最伟大的变革并非发生在法国，它与蒸汽机、电力甚至互联网都没有任何关系。这场变革如此彻底——人类从游牧狩猎采集者转变为定居的农民和牲畜养殖者。我们的祖先曾经只有在狩猎中运气好的时候才能获得食物，现在我们可以依靠牲畜提供稳定的食物来源，使更多人能填饱肚子了。随着时间的推移，小型定居点、村庄和城镇发展起来，人们与绵羊、山羊、奶牛和猪等牲畜一起生活，这些牲畜成为我们繁荣和财富的保证。对于人类来说，这种新石器时代革命发生在1万到1.5万年前，具体时间因地区而异。但是，蚂蚁比我们人类早几百万年发展出了养殖业和农业。

天赐的食物

一个定居的群体必须掌握获取足够食物的方法。要养活这么多成员，光靠狩猎是不够的，一大片领土上的食物将很快被消耗光。蚁群需要各种各样的丰饶之地，以确保持续的食物供应。换句话说，在许多情况下，只有养殖才能满足蚁群的生存需求。

蚂蚁选择的牲畜有六条腿，住在植物上，以植物的汁液为食。在科学术语中，这些生物被称为半翅目昆虫，这听起来可能并不好听，但至少比它们更难听的俗称“臭虫”要雅致一些。人类从来不喜欢在花园里遇到半翅目昆虫，包括蚜虫、蝉和其他我们认为有害的昆虫。然而，在蚂蚁的眼中，这些昆虫是太阳下最有价值的生物。而且，从字面意义上说，它们也是最甜的，这要归功于蚂蚁采集的甜美蜜露。

蚜虫和其他昆虫会用长喙吸食植物中的甜美汁液。叶子和茎内的通道受到压力，将汁液挤压到它们口中，因此几乎不需要吮吸。这能迅速满足它们对富含能量的糖的需求，因为汁液本身直接来自植物，而植物正在进行积极的光合作用，能够将阳光、水和二氧化碳转化为糖。与含糖苏打水类似，这些汁液中必需氨基酸和蛋白质的浓度极低。因此，这些昆虫必须摄入大量的汁液以确保营养均衡，并从中过滤出更有价值的营养物质。蚜虫每小时吸收的汁液甚至超过它们自身的体重！它们必须找到一些方法来处理这些大量摄入的汁液。

为了防止把自己撑炸，蚜虫从腹部分泌出多余的蜜露。它们尽量将蜜露排泄得远离自己，以防被这种黏性物质黏住导致窒息而死。偶尔，停在严重受害树下的汽车会遭遇不幸，这些黏性液滴会布满汽车的挡风玻璃和油漆上。或者，这些黏性液滴会在一夜之间变干，形成白色的小颗粒。在中东地区，这些东西会被视为一种珍贵的美味。据《出埃及记》记载，这是从天上降下来的蜜露，为以色列人在沙漠中四十年的艰苦跋涉提供了食物，拯救了他们的生命。而在欧洲，经过了蚜虫的消化道，并在蜜蜂的胃中提纯的蜜露被称为“森林蜂蜜”或“蜜露蜂蜜”，常被涂抹在吐司上作为早餐享用。尽管它可能已经被消化了两次，但对我们来说仍然很好吃。

在某种程度上，许多蚂蚁意识到蜜露是一种很好的能量提供剂，

蚜虫吸食的植物汁液的主要成分为糖，缺乏必需的氨基酸和蛋白质。因此蚜虫必须摄入大量的汁液以确保营养均衡，并将多余的糖类排泄出去。这些排泄物的成分是蚂蚁非常喜欢吸食的蜜露。

这并不奇怪。也许最开始它们只是偶然发现了一些黏性液滴，这促使它们靠近蚜虫，直到形成对双方都有利的共栖关系。同时，蚂蚁通常会小心翼翼地确保“植物吸收者”有足够的数量，并防止陌生的趋利者惊扰它们。任何离蚜虫群太近的生物，例如试图在蚜虫体内产卵的姬蜂，都会被蚂蚁攻击并全力驱逐。

但并不是所有蚂蚁都会为它们的六条腿“奶牛”做这些。

在陆地与在水上

我的花园里有一个水塘。这一点也不花哨的地方其实是个漂亮的小角落，有青蛙、鸢尾花和几朵睡莲，睡莲上面有蚂蚁跑来跑去。蚂蚁不可能在那里筑巢，巢穴一定在花园里的某个干燥的地方。然而，每天都能看到一些工蚁爬到漂浮的叶子和花朵上。众所周知，蚂蚁并不擅长游泳。它们不会直接潜入水中，尽管它们的外骨骼是防水的，而且它们身上的毛发会形成一层薄薄的空气层，就像一件定制的救生衣。然而，在缺乏有效技术的情况下，让这些昆虫在水中朝着特定的方向移动需要付出巨大的努力。即便如此，它们还是冒着风险从悬垂的柳枝跳到睡莲上，继续朝着其他漂浮的睡莲前进。

时不时地，就会有一只蚂蚁滑倒在池塘里，它们竭尽全力想要逃出水面。我花园里的蚂蚁显然不是为了好玩才这么努力的。必定有某种特定的奖励，某种吸引它们的东西，某种让它们日复一日努力追求的超有价值的东西。那究竟是什么呢？

答案是一种又小又黑的东西——急切地吮吸睡莲叶子和花朵的蚜虫。蚜虫有时会长出翅膀，以便飞往新的宿主植物。有一天，不知怎么的，至少有一只怀孕的蚜虫落在我的睡莲上，蚂蚁收到了风声，便想办法到达新的“牧场”。蚂蚁决定在睡莲上工作——就好像我花园其他地方没有足够的蚜虫似的。一些蚂蚁会想方设法地从一片睡莲爬到另一片睡莲上，用触角敲击蚜虫的腹部，从它们漂浮的“牧场”上“挤奶”，并吸取蚜虫分泌的蜜露。这真是一杯应得的美酒！

良好的合作伙伴

每天穿越池塘的旅程让我们目睹了蚂蚁在获取成果时是多么不顾一切，也证明了即使在最困难的情况下，这些“植物吸收者”也能在很大程度上依赖蚂蚁的照顾。许多种类的蚜虫依赖于它们的“放牧者”，以至于它们甚至改变了自己的某些形态结构以适应与蚂蚁的共栖生活。与那些没有蚂蚁保护的蚜虫相比，它们在保护自己方面的投入更少。在蚂蚁的保护下，蚜虫可以让覆盖在身体上的蜡膜变薄，并在遇到危险时用尾部两个能产生毒素的小角进行主动防御。蚜虫甚至改变了它们的蜜露排泄方式以适应这种共栖生活。它们并非随意将蜜露排泄到某个不会被蚂蚁捡起来的地方，而是利用肛门上方的刚毛牢牢抓住蜜露，直到蚂蚁把蜜露叼走。出乎意料的是，如果没有蚂蚁出现，蚜虫就会把蜜露重新吸收，直到下一个“挤奶工”的出现。

半翅目昆虫适应蚂蚁放牧的终极例子还可以在原产于印度尼西亚爪哇岛的粉蚧（*Hippeococcus*）中找到。它们具有长而抓力强的腿，像吸盘一样。当这种虫子不受干扰地爬在植物茎上时，这些腿的用途并不明显。但如果感到受到威胁，它会迅速爬到最近的蚂蚁背上，用爪子紧紧抓住蚂蚁。若粉蚧太小无法做到这一点，或者错过了逃跑的信号，蚂蚁会将其叼在嘴里，匆匆离开危险区域。当受到威胁时，蚂蚁就会成为它们可靠的“骏马”。

被蚂蚁饲养

蚂蚁作为“放牧者”的角色在形态解剖上变化不大，但一些物种会重新调整它们的生活方式来照顾它们的牲畜。有些蚂蚁甚至完全放弃狩猎，只靠蜜露为生。当蚁群规模较大或急需蛋白质时，它们会时不时地吃上几只蚜虫。它们究竟是享用“牛奶蜜露”还是“蚜虫肉排”，这取决于季节和蚂蚁的种类。这给了蚜虫另一个非常有效的激励举措，让它们把“放牧者”留在蜜露中，以保持“放牧者”的兴趣，防止它们产生其他念头。

有几种尖尾蚁属（*Acropyga*）蚂蚁的蚁后在婚飞时会带着一只怀孕的粉蚧作为“嫁妆”。这确保了它们在建立新巢穴时手头有一些甜蜜的东西，也意味着它们的幼虫得到了供养。必要时，蚂蚁经常把牲畜养在自己的巢穴里。在冬天，当这些牲畜有被冻僵的危险时，蚂蚁会把它们带到温暖的地方。在寒冷的季节，新黑毛蚁不仅会照顾自己蚁后的卵，还会照顾玉米根蚜的卵，如果蚁群必须迁移，它们会像运送自己蚁后的卵一样小心翼翼地运送玉米根蚜的卵。一旦春天天气变暖，新一代蚜虫就会直接落在多汁的幼苗、嫩枝和根上。

即使是在终年温暖的热带地区，蚂蚁也会全力以赴地饲养它们的牲畜。正因如此，马来西亚的粉蚧（*Malaicoccus khooi*）已经无法独自抚养它们的后代了。它们依赖凸尖臭蚁（*Dolichoderus cuspidatus*）的照料，在这些蚂蚁的巢穴中产卵，在那里，粉蚧幼虫在这些“寄养家庭”的照顾下长大。该蚁群约有10万只蚂蚁，实际上已经饲养了约5 000只粉蚧。它们整天都在把这些要求很高的牲畜从一处带到另一处，不断寻找最新鲜的“牧场”。巢穴和“牧场”之间的距离可达20米之远。如果某地的植物汁液不够好，整个巢穴就会连根拔起，迁移到新的“牧场”。臭蚁属（*Dolichoderus*）的蚂蚁和一些相关物种表明，远在人类出现之前，蚂蚁就采用了游牧的生活方式。

一段友谊的结束

那么，蚂蚁和这些吮吸植物汁液的朋友会永远享受这种幸福的状态吗？有时确实如此，但有时你只需稍加观察，就会注意到事实并非如此。

在欧洲和北美部分地区的花园和公园里，穿梭着黑毛蚁，它们是黑豆蚜（*Aphis fabae*）的忠实卫士。它们提供了一个全面的护卫计划，包括防御如瓢虫、草蛉和食蚜蝇幼虫等捕食者，以及清除黏稠的蜜露。你可能会认为黑豆蚜会对此感恩戴德，但这对看似幸福的伙伴关系却并非如此：仔细观察你会发现，当黑毛蚁不在身边时，黑豆蚜会更加活跃；当它们的“放牧者”出现时，黑豆蚜会突然变得不愿移动。

一个英国研究团队想知道这一现象是偶然发生还是另有原因。他们设计了一个实验，使用明确定义的参数，阻止黑豆蚜在普通的树叶上行走，改让它们在实验室优质的滤纸上行走。结果显示，测试中的黑豆蚜以每秒0.5毫米的速度在滤纸上移动；相比之下，在黑毛蚁的“监督”下，它们的移动速度要慢得多，在同一时间内只移动了0.35毫米。更重要的是，不需要黑毛蚁在场就能产生这种减速效果。只需要黑毛蚁事先待在滤纸上就可以了。黑豆蚜只需要闻到黑毛蚁的气味，它们就会减缓移动速度。

这个实验的结果与蚂蚁为保持群体聚集而采取的其他措施非常相似：它们释放化学物质来抑制蚜虫翅膀的生长，即使蚜虫成功地长出翅膀，蚂蚁也会直接将其咬掉。蚂蚁爱它们的牲畜，但最重要的是，它们更爱自己——确保对蚜虫的绝对控制权稳如磐石。

但是，当蚜虫决定反击时，蚂蚁就会遭殃！

受压迫者变成了压迫者

这不是针对个人的行为。这不属于报复，也不是故意为之。在自然界中，生物饥饿时会尝试啃食周围的东西，学习什么是可食用的，什么是不可食用的。生物一旦发现了新的食物来源，成功繁衍后代后，它们在竞争中就会有轻微的优势。这种行为常常让我们人类惊叹，甚至感到不可思议。麦拟根蚜（*Paracletus cimiciformis*）正是展现这种行为的生物之一。

在地中海，拟根蚜属（*Paracletus*）蚜虫栖息在开心果树的树枝上；但在德国，它们被迫将就着吃草。在地中海，它们得到了草地铺道蚁（*Tetramorium caespitum*）的照顾。随着拟根蚜属蚜虫生命周期的发展，这种共栖关系变得越来越复杂，涉及至少九种不同的类型的若虫。除了有翅和无翅类型，以及无性繁殖和有性繁殖类型，还有两种类型若虫的基因相同，但在发育过程中激活的基因不同，导致它们最终外观各异。这种绿色的小若虫像宠物一样吮吸宿主植物的汁液，并积累蜜露。相比之下，它的孪生兄弟有着棕色扁平的身体，在过冬方面是专家。拟根蚜属蚜虫的若虫会产生一种信息素，使其闻起来和草地铺道蚁的幼虫一模一样。为了确保后代安全，草地铺道蚁迅速地把拟根蚜属蚜虫的若虫带进巢穴里，把它和尚未孵化的兄弟姐妹一起塞进巢穴内。就这样，这个“小特洛伊木马”实现了它的目标。

当拟根蚜属蚜虫若虫的肚子开始咕咕叫时，它就会四处寻找附近的汁液，由于巢室里没有草，它就会用触角轻拍草地铺道蚁的幼虫，喝它们的血淋巴。它不会杀死受害者，但这种放血可能并不那么完全无害。春天来临时，草地铺道蚁会很高兴地将卵、幼虫和拟根蚜的若虫都运送到温暖的巢穴上部。在这里，拟根蚜属蚜虫的若虫可以接触到草根，草根更适合作为其生长发育的营养来源。最终，它会变成胖乎乎的成年拟根蚜属蚜虫，以素食者的身份度过余生。

但蚜虫并不是唯一与蚂蚁或多或少和谐相处的动物，也不是最残酷的动物。

抚养毛毛虫

对于毛毛虫（蝴蝶的幼虫）来说，生活并不轻松。它们必须在短时间内尽可能多地进食，避免成为众多捕食者的食物。为了活到成年，毛毛虫演化出了各种各样令人印象深刻的防御策略：它们用腹部模仿可怕的面孔、用厚厚的长毛遮盖自己，或者拥有很强的毒性，使得任何吞下它们的傻瓜都永远不会忘记它们有多令人恶心。甚至，它们“雇用”蚂蚁作为它们的保护者。

和蚂蚁亲密合作的不止有蚜虫，一些鳞翅目的毛毛虫也和蚂蚁密切合作。它们需要蚂蚁的保护，作为回报，毛毛虫会分泌蚂蚁喜欢的蜜露。

在所有灰蝶（gossamer-winged butterfly）中，约四分之三的物种“雇用”蚂蚁作为它们的“私人保镖”。当雌蝶产卵的时候，它会寻找一株既生长在合适蚁群附近又适合食用的植物。例如，伊达斯豆灰蝶（*Plebejus idas*）会在黑毛蚁的领地中寻找雀花丛，而玻璃灰蝶（*Lysandra coridon*）更喜欢马蹄草，以及与草地铺道蚁或红褐林蚁共生的环境。蝴蝶在选择植物时通常很挑剔，相比之下，它们对蚂蚁的种类并不那么挑剔。

一旦毛毛虫孵化出来并被蚂蚁发现，它们就安全了。许多种类的蚂蚁甚至会用柔软的泥土建造小“马厩”，它们将这些夜间活动的牲畜带进去，以防止它们在白天吸引捕食者。这种做法很有效。在研究人员阻止蚂蚁保护毛毛虫的实验中，只有不到四分之一的毛毛虫能够存活。说到保镖，蚂蚁是可靠的选择——前提是它们的服务得到了适当的报酬。

这就是毛毛虫难以生存的地方。与蚜虫不同，它们不以植物的甜美汁液为食，而是吃植物组织。这意味着它们不会自动产生蚂蚁所需要的蜜露作为报酬。毛毛虫必须埋头为它们的蚂蚁合成蜜露，为此它们发育了专门的新腺体。然后，它们通过背部的缝隙将蜜露分泌出来。这对蚂蚁来说没有什么区别，但对毛毛虫来说却有区别：生产蜜露需要大量的能量和物质，而这些正是它们自身发育本就缺乏的。这些在蚂蚁保护下的毛毛虫羽化成的成年蝴蝶体型通常小于那些未受蚂蚁保护的同龄个体。即使在动物世界，为了自身安全而付出的代价也不便宜——而且，这种代价有时也可以被利用。

深入敌后

在每个蚁群中，有一个地方比其他地方更安全。巢室堪称昆虫世界的“诺克斯堡”。成功被带入这个空间且没有被吃掉的昆虫可以放心地待下来，因为它们知道自己是安全的。我们已经看到了一些蚜虫在它们“放牧者”的巢室过冬，还有一些灰蝶，比如爱尔康蓝霾灰蝶（*Maculinea alcon*），它们用气味把自己伪装成蚂蚁的幼虫，不仅被带着到处走，甚至比蚂蚁的真正后代吃得更好。然而，这对大型霾灰蝶来说还不够。春天来临时，饥饿促使它们露出真面目：这种被溺爱和照顾的“家养宠物”偷偷地吞噬蚂蚁的后代，尽情地享用幼虫。这就引出了一个问题：在这种情况下，谁真正充当了牲畜的角色？毕竟，蚂蚁并没有从与灰蝶的互动中获益：灰蝶不仅让蚂蚁为它们工作，最重要的是，它们还吃蚂蚁的后代。在生存的斗争中，感恩是不存在的。

不管毛毛虫在巢室里表现得好不好，在毛毛虫的时代结束时，所有的灰蝶都必须面对同样的问题：它们用来欺骗蚂蚁、让蚂蚁相信它们也是蚂蚁的伪装只有在它们处于毛毛虫形态时才有效——一旦它们羽化成蝶，它们就被视为受欢迎的蚂蚁食物。灰蝶在宿主领土的中心以蛹的形式进行蜕变，这段时间内获得了短暂的安全，蚂蚁对这一点不感兴趣。然而，接下来的剧情在戏剧性方面堪比间谍惊悚片，在这部“电影”中，没有蒙面的“特工”试图回到自己的巢穴。清晨，当蚂蚁还没有变得特别活跃的时候，灰蝶就会从茧中孵化出来，蹑手蹑脚地走出蚂蚁的巢穴，来到户外。如果它不被发现，它很快就能在草地上飞舞、交配，并把自己的下一代托付给蚂蚁照顾。然而，如果它被发现，它将为它享受的数月款待付出生命的代价。

大自然对廉价的刺激有着可怕的嗜好。

畜牧业的傻瓜

家庭中，动物的出现可能带来一些挑战：有些动物往往不请自来地占据我们的生活空间。想想尘螨、衣鱼和家蜘蛛，它们都在我们家的角落里找到了自己的栖息地。对于蚂蚁来说，情况大致相同。除了冬天的“客人”和寄生的毛毛虫，你可以发现无数其他“客人”在蚂蚁的巢穴里秘密地爬行。蚂蚁对它们漠不关心，有时甚至不知道它们的存在。

无论是在人类的家还是蚂蚁的巢穴中，作为“客人”生活的好处是巨大的：在里面，湿度适宜、温暖、安全、舒适，而且，最重要的是，食物残渣和碎屑会不时地出现。这些无害的伙食伙伴或共生生物包括衣鱼（*Atelura formicaria*），它们完全依赖于主人留下的垃圾食物。只有当饥饿感真正袭来时，衣鱼才会偷一点工蚁用来互相喂食的液滴。当然，这种盗窃行为并非没有风险：如果蚂蚁抓住“小偷”，它们很快就能干掉衣鱼。但衣鱼灵活而敏捷，通常能及时逃脱。

吃，而不是被吃

不太寻求刺激的“客人”会竭尽全力保持对主人的隐身，比如躲在巢穴的未被使用的角落里，或者“穿上”厚实的盔甲，让蚂蚁强壮的上颚无法穿透。光滑锯角叶甲（*Clytra laeviuscula*）采用了一种特别不体面的策略：它们把卵产在巢穴的入口处，然后在卵周围排便。出于某种原因，蚂蚁会收集虫卵并把它们带进巢穴，在那里，光滑锯角叶甲的幼虫很快就会被粪便覆盖，形成一层坚硬的保护层。这使它们能够毫不费力地抵御蚂蚁的攻击，同时以蚂蚁的废物为食，还会捕食蚂蚁的幼虫。一只光滑锯角叶甲幼虫会在一个巢穴中生活两年或更长时间，直到化蛹，最终成为成年甲虫离开。

然而，要想在蚂蚁的巢穴里生存下来，最有效的方法可能是用合适的气味迷惑蚂蚁。缘隐翅虫（*Lomechusa pubicollis*）是这方面的专家。首先，为了找到进入巢穴的路，它们会寻找与常见的小红蚁相遇的机会，并用它们的触角轻轻触碰小红蚁。一旦它们引起了小红蚁的兴趣，缘隐翅虫就会展示其尾部。它们有一个腺体，能分泌出一种可以安抚小红蚁的分泌物，让小红蚁忘记攻击它们。从这一刻开始，缘隐翅虫就不用担心被吃掉了。接着，它们采用了另一种技巧：它们向小红蚁展示自己身体下方的另外两个腺体的开口，霍尔多布勒将其命名为“收养腺体”。一旦小红蚁闻到该腺体散发出的气味，它们就会把缘隐翅虫误认为是自己蚁群的迷途幼虫，并迅速将其带回巢室。就在那时，忘恩负义的“骗子”进入巢穴中心，以宿主的卵和幼

某些缘隐翅虫喜欢待在小红蚁的“虎穴”里，以小红蚁的幼虫和卵为食。

虫为食。

一旦掌握了窍门，生活在一群好斗的蚂蚁中并不那么困难。超过3 000种的弹尾虫、甲虫、蜘蛛、蚜虫、蝇和其他昆虫都知道怎么做。它们有些待在巢穴的边缘，比如金龟子的幼虫。另一些更愿意深入巢穴的中心，栖息在工蚁身上。一些螨已经适应了它们特别喜欢的地方，比如巨螯螨属（*Macrocheles*）的螨，它们专门附着在行军蚁兵蚁的腿的外缘上。然而，它们的近亲环弯螨属（*Circocylliba*）的螨则更喜欢直接待在宿主的颚上。

和人类一样，蚂蚁周围也有一群“宠物”，它们愿意与“宠物”分享家园和生活，即使可以摆脱它们，蚂蚁也往往不愿意这么做。毕竟，蚂蚁面临的最大威胁是其他蚂蚁，我们将在下一章中讲述。

第十章

寄生和役奴蚁

一只役奴蚁在一次突袭中偷走了宿主的卵。

我永远不会忘记自己第一次看到掠夺蚂蚁的役奴蚁。在攻读硕士和博士学位时，我研究的是正常的、非寄生的蚂蚁，因此，我对能够在美国做我的第一个博士后工作——研究奴役其他蚂蚁的役奴蚁——感到特别兴奋。我希望调查特定地区的役奴蚁和它们的宿主是否已经相互适应。因此，我将来自不同地区的蚁群安置在实验室的“竞技场”上，观察它们的对抗。例如，纽约的役奴蚁对西弗吉尼亚的宿主。役奴蚁是否能更容易奴役原产地外的宿主群体或其后代？还是说宿主已经适应了当地的敌人，进化出了最佳的防御策略？

我的研究对象不是那些大蚂蚁，而是小蚂蚁，它们的整个蚁群可以装进一颗橡子里。这样做的好处是，我可以在实验室里从头到尾地观察整个奴役过程。我所要做的就是把役奴蚁的巢穴放置在两个通道之间，并在“竞技场”中放置宿主的巢穴，然后观察役奴蚁探索这个区域，发现宿主的巢穴，招募更多的同伴，组成突袭队，攻击宿主的巢穴，偷走幼虫并将其带回。在这之后，我将计算役奴蚁带走了多少幼虫，评估宿主的自卫效果，以及记录伤亡情况。

这就是我的计划。基于我所掌握的知识，我确信它是可行的。这个实验看起来很简单，万无一失。但我可能忽略了一个小细节……

五月的第一个温暖的日子里，我满怀信心地开始了实验。我选用的役奴蚁是来自纽约州北部森林的美洲切胸蚁（*Temnothorax americanus*），与之配对实验的是同一地区的长刺切胸蚁，后者是宿主。我拿着笔和记事本坐在“竞技场”边，准备记录下这随时都可能发生的最细微的动作。一刻钟过去了，我确信实验很快就会开始了。但随后是半个小时、一个小时、一个上午，乃至整个下午都过去了。我坐在椅子上直到傍晚……什么也没有发生。役奴蚁一整天都待在巢穴里无所事事，甚至没有把触角伸出巢穴去。来自宿主蚁群的食物“侦察兵”探索了“竞技场”，但仅此而已。我失望地回到家，沉思着我可能做错了什么。

第二天早上，一切都变了。我一眼就发现头天晚上发生了一场袭击，但角色的分配出乎我的预料。我几乎不愿相信，但在黑暗的几个小时里，来自宿主蚁群的工蚁入侵了役奴蚁的巢穴，偷走了它们的幼虫。到底发生了什么事？

经过进一步研究，我意识到我在实验中犯了一个错误：我安排的时间完全错了。役奴蚁几乎全年都不活跃，它们只在突袭季节从其他蚁群中掠夺幼虫或蛹。但是，突袭季节始于盛夏，这时宿主的后代更繁盛，并且即将孵化，而不是在春天。由于我的急切，我把实验安排得太早了，导致那些尚未完全活跃的役奴蚁被打了个措手不及。然而，我没有预料到的是，宿主会反败为胜。它们显然具备应对役奴蚁的特质，因为这两个物种——奴役者和被奴役者——是密切相关的，役奴蚁在进化上仅比宿主领先了一步。

7月底，双方的互动终于恢复了正常。役奴蚁突然变得焦躁不安，频繁进出巢穴，急切地探索着“竞技场”。不出所料，它们很快发现了宿主的巢穴，并发起了突袭。我在记事本上详细记录了我的观察。而我也从实验初期的挫折中学到了很多。正是这些小小的惊喜让科学变得如此令人兴奋。

但蚂蚁也可以互相剥削，而不诉诸奴役。

帮派战争

蚂蚁攻击它们的邻居通常是为了抢夺食物。找到大量食物的蚂蚁可以养育更多的后代，使它们的蚁群在生存斗争中具有优势。然而，由于食物稀少，寻找食物是一项令它们筋疲力尽的艰巨工作，一些物种找到了一种更舒适的方式来获得战利品：它们直接从其他蚁群中偷走食物。霍尔多布勒观察到，在亚利桑那州的沙漠中，蜜罐蚁（*Myrmecocystus*）经常成群结队地伏击须蚁（*Pogonomyrmex*）蚁，当收获蚁试图将作为食物的白蚁带回巢穴时，它们就会遭到攻击。须蚁虽然被偷袭，但也不是毫无防备，它们立即展开反击。然而，反击就得放下食物，这时长腿蜜罐蚁就会迅速将食物叼走。在法律术语中，这属于明显的抢劫行为，而生物学家将其称为偷窃共生或偷窃寄生。无论如何，最终结果是一样的：须蚁失去了它的白蚁，被迫在终点掉头，重新开始寻找食物。

虽然遭受了抢劫，但须蚁应该庆幸自己的蚁群没有受到广泛分布于北美的烦扰火蚁（*Solenopsis molesta*）的骚扰。烦扰火蚁的工蚁是这些地区土生土长的最小的蚂蚁之一，体长在1.5到3毫米之间，但它们把这一明显的缺陷变成了突袭的优势。就像银行劫匪挖地道进金库一样，这些“小偷”把自己的巢穴建在潜在受害者的巢穴附近。从这个位置，它们会建造非常狭窄的隧道，以至于其他物种的工蚁无法通过，从而能够进入巢穴，最终进入巢室。每当饥饿时，它们就成群结队地出发，肆意掠夺，毫无顾忌。它们通常会寻找宿主的卵、幼虫和蛹。如果被巢穴的合法居民发现了它们的突袭，这些“小偷”就会从毒腺中喷射一种驱蚁物质，产生类似于胡椒喷雾的效果，导致宿主排斥自己的后代。这些“小偷”把偷来的后代分割成易于处理的小块，然后带回自己的巢穴。它们还经常在地下养一些蚜虫作为畜牧，以蚜虫的分泌物为食。这些身材矮小、体色偏黄的“小偷”并不依赖它们的犯罪生活方式，但通过迂回的谋生手段往往更容易——除非你的受害者雇用了保护者。这时，即使是最狡猾的小偷也会面临危险。

“豪勇七蛟龙”

一群无良的强盗一次又一次地袭击一个村庄，掠夺生活物资，直到饱受折磨的居民向一群久经沙场的武士求助。这些勇敢的武士搬进了村庄，由村民供养，过着相当舒适的生活，直到强盗再次来袭，战斗随之开始。1954年，电影《七武士》讲述了这个故事。1960年，尤尔·布林纳（Yul Brynner）从这个故事中获得灵感，在电影《豪勇七蛟龙》中展现了类似的情节。但对于菇丝蚁（*Sericomyrmex*）来说，这是一个已经上演了数十万年的故事。

这些菇丝蚁全身心地投入到劳作中。它们像著名的切叶蚁一样，搬运植物材料到巢穴中，用以培育真菌，从而为自己提供食物。如果没有哈氏曲颊猛蚁（*Gnamptogenys hartmani*）的袭击，它们的生活就会非常和谐与和平。哈氏曲颊猛蚁突然出现，沿途杀死所有遇到的菇丝蚁，对巢穴中的幼虫发起突袭，却绝不多看真菌园一眼。这些强盗会立刻摧毁整个蚁群，然后继续前进。

除非菇丝蚁和另一种蚂蚁生活在一起。

客居大蚁（*Megalomyrmex symmetochus*）愉快地和菇丝蚁生活在一起，并乐于从它们的邻居那里薅羊毛。尽管客居大蚁的蚁后和工蚁在培育真菌方面不做任何工作，但它们以真菌为食，有时也会吃掉一两只菇丝蚁的幼虫。对于那些照料真菌的菇丝蚁来说，客居大蚁非常讨厌，但菇丝蚁无法摆脱它们，因为它们会咬掉菇丝蚁蚁后的翅膀，阻止菇丝蚁蚁后离开巢穴去进行婚飞、寻找新的"牧场"。如果菇丝蚁也能表达悲伤，这些不幸的小生物肯定会这样做。

但当哈氏曲颊猛蚁出现在巢穴门口时，菇丝蚁的牺牲得到了回报。菇丝蚁躲在巢穴深处，原本懒惰的客居大蚁变成了英勇的武士，与敌人展开对抗。客居大蚁喷射出毒液，虽然成功杀死了哈氏曲颊猛蚁，但不可避免地造成了己方部分牺牲。不过，这种牺牲是值得的。在实验室的比较测试中，杀死一只哈氏曲颊猛蚁需要八只菇丝蚁，而客居大蚁只需要两只。在这些客居大蚁的保护下，菇丝蚁几乎不会遭受损失，而一个没有这种支持的蚁群则可能失去近三分之二的工蚁。由于遭到重创，哈氏曲颊猛蚁被迫撤退。它们未来可能会针对那些没有隐藏"武士"的蚁群。然而，这很难，因为约五分之四的真菌园都有一个秘密的"武士"家族，以备不时之需。

一起生活的乐趣

最好的团队合作是让他人承担艰苦的工作。与它们勤劳的形象相反，某些种类的蚂蚁极其懒惰。例如，我在西弗吉尼亚州阿巴拉契亚山脉的山顶上发现的微切胸蚁（*Temnothorax minutissimus*）就非常不愿意工作，以至于它不再有工蚁品级。它们只有蚁后和雄蚁，研究人员将这种现象称为寄食现象（inquilinism）。为了维持这种生活方式，微切胸蚁需要有其他动物为它们提供栖身地和食物、清理环境以及照顾后代。简而言之，它们需要一个类似于居住的社区，其中其他成员承担所有工作。

还有什么比和心爱的亲人住在一起更自然的事呢？春天，年轻的微切胸蚁蚁后在前一年与雄蚁交配后，会寻找弯刺切胸蚁（*Temnothorax curvispinosus*）的巢穴作为新家。为了避免在尝试进入宿主巢穴时被咬掉头或被驱逐，这些小游荡者模仿宿主的化学特征。这促使宿主群体收养它们，并将它们作为额外的蚁后融入蚁群。弯刺切胸蚁的工蚁以典型的方式照料微切胸蚁的蚁后。一个合理的疑问是，为什么宿主会忍受这种明显的社会寄生行为呢？

这可能是因为冒名顶替者伪装得很好。被剥削的宿主并不知道，它们正在自己的巢穴里愉快地帮助养育一群外来蚂蚁。毕竟，蚂蚁没有太多的机会来检查特定生物的身份。这与体型和外观有一点关系，但关键的是，寄生蚁必须具有适当的气味才能被宿主接受。如果寄生蚁与宿主关系密切，那么体型和外观差异通常不大。气味模仿较为困难，但寄生蚁可能在演化过程中学会了复制宿主的气味，或者放弃了

微切胸蚁（左和右）不会形成自己的工蚁品级，它们交配之后会偷偷潜入弯刺切胸蚁（中）的巢穴，由后者的工蚁养育。

自身固有的气味，从而在巢穴的嗅觉雷达下自由奔跑，吸收宿主的气味。当懒惰成为一种流行时，它们很乐意把气味的选择留给勤劳的宿主。

寄生蚁也为它们的懒惰而付出了相比于剥夺其他同类权益的更高昂的代价。它们没有自己的巢穴，没有领地，完全依赖它们的宿主。没有寄生蚁能走到“最后一只蚂蚁”的地步。

当蚂蚁不肯放弃的时候

观察出色的蚂蚁并不都需要穿越半个地球，有时候，观察可以从自己身边开始。对我来说，那就是西阿尔卑斯山。法国和瑞士阿尔卑斯山脉的一部分是一种非常罕见的蚂蚁的栖息地，这种蚂蚁直到1949年才被发现，在比利牛斯山脉、西班牙北部和哈萨克斯坦偶尔出现过它们的踪迹。到目前为止，已经发现的群体数量还不到24个，这使得寄食铺道蚁（*Tetramorium inquilinum*）在蚂蚁中非常罕见。

博物学家罗伯特·斯顿珀（Robert Stumper）年轻时曾是卢森堡国家足球队的守门员。为了寻找稀有昆虫，他和几个同事在海拔超过2 000米的罗纳河谷上挖出了数百个草地铺道蚁的巢穴，并偶然发现了三组寄生的寄食铺道蚁。他们偶然发现了一个人行道上的蚁群，当时他们搬了一块大石头，这块石头碰巧从斜坡上滚下来，在撞击下沿着一条旧裂缝裂成了两半。他们惊讶地看到草地铺道蚁和寄食铺道蚁成群结队地出现在新裂开的岩石表面上。研究人员收集了大量样本，并将其转移到实验室中用于实验观察。在很大程度上，我们对寄食铺道蚁的了解源自这些蚁群。

就像我们在前一节中所说到的微切胸蚁，寄食铺道蚁也省去了日常繁重的劳作，也不产生工蚁品级，它依赖于宿主而生活。年轻的寄食铺道蚁蚁后可能已经和巢穴中稀有的雄蚁交配了。之后，多数寄食铺道蚁蚁后更喜欢待在舒适的巢穴里，但有些会飞出去寻找新的宿主蚁群。它们在选择宿主蚁群时非常挑剔。除了草地铺道蚁，它们唯一接受的物种是污铺道蚁（*Tetramorium impurum*），后者与前者极为相似。新的研究表明，潜在宿主和寄食铺道蚁在系统发育上密切相关，这意味着它们都可以追溯到共同的祖先，只是在最近才分化成不同的物种。但仅凭亲缘关系并不足以确保草地铺道蚁和污铺道蚁会接受年轻的寄食铺道蚁蚁后。瑞士和法国的草地铺道蚁和污铺道蚁可以容忍寄食铺道蚁蚁后跳到它们的背上，进而将其带进巢穴。但是这些孤独的寄食铺道蚁蚁后通常很快会被巢穴里的其他蚁后杀死。

寄食铺道蚁的蚁后一旦进入巢穴，就会试图掌权。它们的梦想是靠宿主蚁群中的一只蚁后生活。它们爬到宿主蚁后的背上，用其巨大的爪子抓住宿主蚁后的上胸或腹部。从现在开始，它们将尽可能多地进食、成长和产卵。为了确保工蚁不仅能容忍它们，还能照顾它们，寄食铺道蚁蚁后会分泌出一种令其他工蚁无法抗拒的分泌物，吸引值班的工蚁舔舐它们。这样做的过程中不仅清洁了寄食铺道蚁蚁后，还为其提供了液体营养。寄食铺道蚁蚁后需要这些服务，因为它们干瘪的嘴部无法自行清洁或咬到更多的固体物质。它们身体的其他部分也退化了，外骨骼变得薄而苍白，腹部呈勺状以更好地适应宿主的形态，脑部相对较小。没有宿主的帮忙，寄食铺道蚁将无法生存，短时间内就会死亡，就连抚养后代也需要草地铺道蚁或污铺道蚁的帮助。时间紧迫，成熟的寄食铺道蚁蚁后在它臃肿的卵巢中产生大量的卵，平均每30秒一颗，它尽其所能，在演化所允许的范围内确保其基因能够流传下去。寄食铺道蚁的初始属名的词源是古希腊语——“*Teleutomyrmex*”，意为“最后的蚂蚁”。

骑在它们的宿主背上，寄食铺道蚁蚁后很少孤单。寄食铺道蚁蚁后可以与同类共享宿主，因此一个宿主身上可能寄生着多只寄食铺道蚁蚁后。罗伯特曾数过，一只草地铺道蚁蚁后身上寄生的寄食铺道蚁蚁后多达八只。这些寄食铺道蚁并没有立即杀死它们的“女主人”，但可怜的“女主人”几乎动弹不得，因为蚁群聚集在它身上，它笨拙地摇晃着，被自己的工蚁拉来拉去，在这个过程中可能失去一两条腿，最终死亡。尽管蚂蚁以顽强著称，但它们耐受力也是有极限的。

据我们所知，草地铺道蚁和污铺道蚁的适应性强的身体和行为特点，使寄食铺道蚁成为蚂蚁世界中最坚强的群居寄生蚁之一。但它们并不是最糟糕的害虫，蚂蚁还可以更加粗暴。

当招募变得残酷

查尔斯·达尔文（Charles Darwin）在观察血红林蚁（*Formica sanguinea*）——一种役奴蚁时，几乎不敢相信自己的眼睛。在《物种起源》一书中，描述了它们和另一种役奴蚁——欧洲的橘红悍蚁（*Polyergus rufescens*），并认为：“这种蚂蚁绝对依赖于它的奴隶……役奴蚁是如此无助，当皮埃尔·胡贝尔（Pierre Huber）把其中30只役奴蚁关起来，尽管有足够的它们最喜欢的食物，并有它们的幼虫和蛹来刺激它们工作，但它们什么都没有做；它们甚至不能养活自己，许多工蚁饿死了。胡贝尔随后放进了一只奴隶蚁，它立即开始工作，喂养和拯救幸存者，照料幼虫，使一切恢复正常。”

这种描述听起来很符合典型社会寄生虫的无能特征。但是，橘红悍蚁和其他役奴蚁有两个显著的不同之处：它们的工蚁通常不会在常规蚁群中生活，它们不以寄宿者的身份与宿主一起生活，而是通过袭击其他蚁群来获取被奴役的工蚁。对于50多种蚂蚁来说，这是一种非常有吸引力的生活方式，可以让它们的生活更轻松。事实上，这种习性是如此有吸引力，以至于蚂蚁在演化过程中至少经历了9次独立演化，形成了目前这种奴役其他蚂蚁的习惯。

争夺“蜜罐”

蜜罐蚁证明，制造奴隶与偷窃类似，往往需要合适的时机。当食物过剩时，许多物种都采用相似的方法来储存食物。特殊的储存蚁将甜美的蜜露储存在体内，让腹部胀成圆球。这些“蜜罐”悬挂在巢穴的“储藏室”中，附着在巢室的“天花板”上，需要时就挤出一些蜜露来滋养自己。一只能够储存蜜露的蜜罐蚁就像一个储存丰富的冰箱，对蚁群来说极为宝贵。

蜜罐蚁还有另一个使它们与众不同的特征。如果两个蚁群的领地足够接近时，它们之间的冲突就会通过一场仪式性的竞技赛来解决。两个蚁群都会派出队伍到竞技场进行比赛，参赛者竭尽全力表现得强大，以给对方留下深刻印象。它们用长腿站立，将头和腹部伸向空中，甚至爬上树枝和石块。与此同时，团队的其他成员穿梭在竞技场中，评估哪一方看起来更强大。如果竞技结果还不确定，双方将和平撤退。想象一下，如果各国在世界大战中通过这样的方式决定胜负，不就可以避免致命的流血冲突了。在蜜罐蚁的世界中，整个过程不断重复——一场对决的冷却只是下一场对决的热身。

但当一个蚁群发现自己占了上风时，冲突就会变得非常残酷。更

蜜罐蚁将整个蚁群的“粮食”悬挂在巢室的“天花板”上，而其他攻击者将其视为掠劫的主要对象。

强大的蚁群不太可能放弃这个表现自己的机会。弱小的群体无法组建庞大的军队，它们会发现自己被蹂躏、被杀害，甚至被抢劫。强大蚁群会入侵弱小蚁群的巢穴，杀死蚁后和任何反抗它们的工蚁。然后它们会掳走卵、幼虫、蛹和储存蚁，将其带到自己的巢穴。若在搬运过程中有储存蚁死亡，它们的尸体会被食用，然后它们储存的蜜露会被转移到胜利者自己蚁群的储存蚁那里。幸存者和被掳走的幼虫被整合进了胜利者的领地。储存蚁无法独立逃跑，后来孵化出来的年轻工蚁也没有理由逃跑。它们开始把胜利者视为自己的蚁群，把其他工蚁视为自己的姐妹。它们很快就会适应新巢穴的气味，完成同龄蚂蚁需要完成的所有任务。它们与获胜蚁群的其他成员无异，无法被区分。

虽然获胜蚁群里的工蚁气味和行为与被掳走的工蚁相似，但并非它们的姐妹，蚁后也不是它们的母亲。蚂蚁的“合约”规定，工蚁放弃自己的后代，给了自己兄弟姐妹更好的生存机会，并间接传递自己的遗传物质，但这一“合约”不适用于这些被掳走的工蚁。它们的基因线在它们死后就结束了，它们的努力工作从来没有得到过回报。

蚁后是“特洛伊木马”

奴役同种的蚂蚁属于例外。役奴蚁通常会从其他物种（通常是近亲）那里获取工蚁，并把它们安置在自己的巢穴中。

这种以奴隶为基础的生存方式通常始于刚交配完的役奴蚁蚁后，它们想建立自己的蚁群。这不会太困难，虽然会很危险。年轻的役奴蚁蚁后在寻找合适的“王位”时，会强行进入合适的宿主的巢穴。这是一项特别冒险的任务，如果被宿主蚁群的工蚁发现其意图，它们可能在几分钟内丧命。如果役奴蚁蚁后幸运的话，它们会完好无损地离开，尽管它们会受到重创。有时，它们会少了一根触角或一条腿，甚至偶尔丢失几条肢体。我曾经在纽约遇到过一只特别倒霉的役奴蚁蚁后：它的右前腿上还挂着一只长刺切胸蚁工蚁的头，这个头可能曾经属于一只保卫蚁群不受恶意侵略的工蚁。在搏斗中，役奴蚁蚁后咬断了该工蚁的头，导致其上颚卡在了它的腿上，因此，役奴蚁蚁后被迫带着这个附在腿上的沉重“磨盘”。我不敢想象同样的场景要是发生在人类世界中，会发生什么后果。

为了避免战斗，聪明的役奴蚁蚁后会在突袭中小心翼翼地伪装自己。一种流行的伪装方法是伪装成“幽灵蚂蚁”，即不携带明显气味。为了达到这一目的，役奴蚁蚁后的体表上必须没有或只有很少的气味，这样，主要靠气味来辨别同伴的工蚁只能隐约地意识到它的存在，但不能分辨出它是一个入侵者。役奴蚁蚁后在进入巢穴前会在巢外逗留一段时间，获取宿主蚁群的气味。其他入侵者则直接冲进宿主蚁后的房间刺杀它。当拉乌切胸蚁（*Temnothorax ravouxi*）的蚁后发起攻击时，这场战斗可能会持续几天或几周，在此期间，入侵者似乎试图勒死宿主蚁后。然而，蚂蚁并不是通过类似人的呼吸系统呼吸的，而是通过遍布全身的气门和气管进行呼吸，所以宿主蚁后本身并没有窒息，它很可能因为中枢神经受损而慢慢死亡。令人惊讶的是，它的女儿们似乎对母亲的遇害无动于衷，没有一个工蚁来帮助宿主蚁后。我们至今仍然不知道它们为什么如此冷漠。据推测，役奴蚁可能阻止了垂死的宿主蚁后释放求救信号，或释放了一种安抚性的信息素，掩盖了宿主蚁后的“呼救声”，营造了一种“一切安好”的假象。

最终，一切都太晚了。合法的宿主蚁后死了，新上任的“暴君”接管了蚁群。工蚁默然接受了它们的新蚁后，它们喂养新蚁后，抚养其后代。巢穴里没有姐妹，现在是新孵化出来的“奴隶主”的孩子，它们没有做家务和觅食技能。这些任务必须继续由宿主蚁群的工蚁来完成。

役奴蚁的“家园”已经建立。对它的邻居来说，长期的掠夺才刚刚开始。

职业的奴隶制造者

役奴蚁的工蚁不是真正意义上的工蚁。它们通常缺乏完成日常工作的本能，比如筑巢、照顾幼虫和寻找食物。它们与奴隶的区别不仅体现在先天行为上，还体现在身体构造上：它们体型更大，头部更宽，肌肉强壮发达，上颚像剑齿虎一样呈匕首状，或者像钢丝钳一样有锋利的边缘。简而言之，役奴蚁的工蚁看起来就像全副武装的战士，它们的使命就是刺穿奴隶蚁的外骨骼，折断其腿和触角。当蚁群中奴隶蚁数量减少至临界水平时，役奴蚁就会这么做。

这种暴力活动的第一步是派遣侦察蚁去寻找合适的突袭目标。科学家们此前推测，侦察蚁更喜欢防御能力较弱的蚁群，这使得役奴蚁突袭失败的风险降至最低。然而，我们后来发现，事实恰恰相反。由于突袭中的失败风险始终存在，役奴蚁更喜欢对价值较高的大型蚁群进行少数次的突袭，而不是进行大量收效甚微的攻击。一旦找到合适的受害者蚁群，侦察蚁就会跑回家，并沿途留下气味痕迹。被选中蚁群的命运已经注定。

我在亚利桑那州的奇里卡瓦山脉第一次目睹了所谓的“野生的奴隶劫掠”。我本来是去那里采集其他蚂蚁的，但我的一个同事对北美的役奴蚁——短头悍蚁特别感兴趣，所以我陪她进行了一趟高山之旅。我观察到一支27到36米长、约20厘米宽的短头悍蚁队伍，短头悍蚁目标明确地向前冲去。我们跟着走，最终来到了一个黑蚁（*Formica* sp.）的巢穴。红色的短头悍蚁如潮水般涌入黑蚁的巢穴。在外面，我们所能看到的只是零星的小规模冲突，但我们意识到，黑蚁并没有真正试图抵御攻击，它们更多的是惊慌失措地逃跑，并且尽可能多地藏起它们的幼虫。数小时的攻击后，这群短头悍蚁撤退了。几乎每只短头悍蚁的上颚都衔着一只掠夺来的蛹或幼虫。这些“战俘”将在接下来的几个月里成为它们的“奴隶”。

其他一些役奴蚁，比如焕新林蚁（*Formica subintegra*），虽不像其他种类那么好战，表现得更文雅，但它们也有自己的手段。它们不是直接打架，而是从杜氏腺中喷射一种分泌物，模仿受害者的警报信息素，引发受害者互相打架。这些分泌物还具有镇静作用，就像我们从密歇根的“忍者蚂蚁”——掠夺切胸蚁（*Temnothorax pilagens*）身上看到的那样。一旦被喷上这种分泌物，受害者就会忘记保护自己，甚至帮助焕新林蚁将自己的幼虫转移到焕新林蚁的巢穴。有时，它们甚至会留在那里伺候它们的“新主人”。

无论袭击是使用蛮力还是背信弃义的化学欺骗，被削弱的蚁群通常需要时间从袭击中恢复。确实会有蚁群在袭击后灭亡，但这种情况并不常见。消灭受害者并不符合役奴蚁的利益，因为它们希望未来能够再次掠夺这些受害者。

然而，单个宿主蚁群无法满足役奴蚁对奴隶蚁的数量要求，因为在已知的许多役奴蚁蚁群中，奴隶蚁是数量最多的群体，而役奴蚁本身不会产生任何工蚁。在役奴蚁蚁群中，大约80% 到90% 的工蚁是被奴役的。昆虫学家曾经统计过，在一个夏天的33天里，一个役奴蚁蚁群发动了41次袭击，掠走了4万多只蛹和幼虫。

小型的美洲切胸蚁（*Temnothorax americanus*）的蚁群小巧到可以被塞进中空的橡果中，通常每5只美洲切胸蚁就有30只奴隶蚁。在其领地内，每年有三分之一的宿主巢穴被袭击，这意味着几乎没有蚁群可以正常发展，巢穴内的蚂蚁数量下降到正常数量的一半左右。役奴蚁的统治破坏了整个地区的平衡。

它们曾经是普通的蚂蚁，就像它们的邻居一样。

没有兴趣做家务的蚂蚁必须确保适当数量的“侍从”——美洲切胸蚁长期奴役长刺切胸蚁的工蚁。

基因决定一切

是什么让勤劳的蚂蚁变成懒惰的“奴隶主”呢？人类剥夺他人权利、强迫他人为自己服务的动机并不能解释蚂蚁的行为。蚂蚁的行为不是出于贪婪、利益追求或权力欲望，它们成为役奴蚁仅仅是因为它们只能这么做。简而言之，它们的行为是由基因决定的。

所有的蚂蚁一开始都很勤劳，致力于为自己的蚁群提供食物。几乎每一项活动都受相应的基因控制，从筑巢到照顾幼虫，再到抵御外敌，这些基因控制着蚂蚁的行为。一旦某基因缺失，受影响的蚂蚁便会面临一个问题：它不再知道该做什么，或者如何去做。但幸运的是，作为集体的一部分，其他成员会弥补缺失成员的职责，除非蚁后自己也存在基因缺陷，在这种情况下，蚁后会把这个基因缺陷遗传给所有后代，影响整个蚁群。例如，随着时间的推移，这个物种的小分支可能会忘记如何喂养自己的幼虫——这通常相当于被判了死刑。

当然，除非蚁后习惯躲在另一个巢穴里，由宿主蚁群的工蚁照看它们的卵。我们在第二章《一个蚁群的诞生》中描述过这种社会寄生现象：蚁属种类的蚁后和所有工蚁轻而易举地占领了一个现成的巢穴，跳过了困难的启动阶段。然而，它们的基因组成肯定还发生了一些变化，这样“政变”才能成功。蚁后一开始肯定是决定找一个新巢穴的。然后，它要么没有自己的气味，要么被理想的宿主蚁群的气味所掩盖，以避免在进入宿主巢穴的路上被守卫咬成碎片。如果宿主巢穴的守卫攻击性低一些，这也会很方便。这些条件还不止于此。

发展像社会寄生这样的复杂行为不是一件容易的事情，也不是一夜之间就能发生的。大多数尝试因缺少关键变化或方向错误而失败。但是演化历经无数蚁群，且时间充裕。时不时地，不同种类的蚁后结合在一起，创造出一种新的生活方式，让蚁后和它的蚁群勉强度日。当这些新物种的蚁后和雄蚁停止与原物种交配时——例如，它们性成熟的时间提前了，一个新物种就出现了。这个新物种在许多方面与原物种相似，但行为上却显著不同。此阶段，许多社会寄生昆虫会向近亲寻求庇护。如果它们同时剥削了几个宿主，这可能是一个真正的奴隶制造者物种发展的起点，它们会在突袭时从不同的、相关的物种中捕获奴隶。或者，它们可能会消灭工蚁的某个亚品级，成为专于剥削单一物种宿主的寄生者。

基因仍然是这一切的核心。在我的实验室里，我们寻找使勤劳的蚂蚁变成役奴蚁的微小变异。新的发现表明，与宿主相比，役奴蚁失去了超过三分之一的控制味觉和嗅觉的基因。由于役奴蚁不主动觅食，而是被喂食，它们的感官相当有限。

但我们不只是比较不同物种间的基因序列。基因本身通常没有差异，但它们的活性有差异。例如，关闭控制照顾幼虫的基因，就能让一只蚂蚁不知道该对幼虫做什么，尽管它体内携带着所有必要的基因。在役奴蚁中，其他基因要活跃得多。至少，控制疼痛敏感性的无痛基因在役奴蚁中的活跃度是苍蝇的四倍。与它们的宿主相比，役奴蚁的遗传变异性显然很高。这是意料之中的，因为在切胸蚁属中，有五分之四的物种都是独立演化成“奴隶制”的，而且演化途径不尽相同。更重要的是，一些基因在不同的时间被激活或失活，确保役奴蚁在袭击季节能够出发去寻找新的工蚁。这些基因包括“时钟”基因，它被认为是调节动物昼夜节律的基因。有趣的是，研究表明，在袭击季节活跃的基因数量要比安静的月份少。在袭击季节之外，除了那些阻止它们经营自己家庭的不活跃基因，制造“奴隶”的基因活跃度在很大程度上与宿主相似。许多役奴蚁在不同的角色之间切换，类似于《杰基尔博士和海德先生》（*Dr. Jekyll and Mr. Hyde*）[①]中的变化。

但由于基因的原因，它们并不是唯一能够适应新环境的动物。演化也在帮助它们的受害者进行自我保护。

受害者的血腥复仇

受害者身份可不是开玩笑的。它甚至可以展示隐藏的优点。对于宿主蚁群来说，这有时会导致意外的基因变化。例如，蚁后可以减少受精卵的数量，进而产生更多的雄蚁后代。在正常情况下，这并非明智之举，因为雄蚁对宿主蚁群的发展几乎没有帮助，它们的存在可能会浪费宝贵的资源。雄蚁过剩的群体通常会导致宿主蚁群迅速灭亡。

然而，在役奴蚁盛行的地区，这一规则不适用。与役奴蚁作战没有多大用处，相比之下，逃跑更明智，越远越好，也就是说——飞行！而飞行是蚁后和……你已经猜到了：雄蚁！对于临近役奴蚁蚁群的宿主蚁群来说，大量能够飞行的雄蚁的存在是一种福音，因为它们可以

① 译者注：19世纪英国作家罗伯特·路易斯·史蒂文森（Robert Louis Stevenson）创作的长篇小说，书中塑造了文学史上首位双重人格形象，“杰基尔和海德”（Jekyll and Hyde）一词此后成为心理学中“双重人格”的代称。

把宿主蚁群的基因带到遥远且可能定居的地方。宿主蚁群可能会在一次突袭中亡，但它的基因会继续存在。这些行为将不利局面转化为有利的。或者，正如我们科学家可能会说的那样，演化的压力促使它们制定防御策略来对付役奴蚁。

这就是大自然的创造力所在！

额外的处女蚁后也为宿主蚁群基因的延续提供了更好的机会——在婚飞中逃离危险的“邻居”。飞行能力使繁殖动物的群体更小，但更具流动性。那些留下来的个体往往更善于逃离。由于与役奴蚁没有什么意义，一些物种的工蚁甚至不尝试抵抗。相反，它们会抓住尽可能多的幼虫和蛹，然后撤离。对于拥有几个巢穴的宿主蚁群而言，这种防御策略通常只会导致失去一个巢穴和少量后代。

另一种防御策略展现了宿主蚁群保卫巢穴的决心。它们通过减少蚁后的数量来限制蚁群气味的传播，因为每只蚁后都为蚁群气味增添了一些细微的差别。这种更统一的气味将宿主蚁群与其他蚁群区分开来，这就是役奴蚁必须选择特定的气味来欺骗不同宿主蚁群的原因。当役奴蚁扑向目标时，遇到的工蚁比平时更能保护自己。例如，长刺切胸蚁等会在美洲切胸蚁的袭击季节到来时，暂时增强自身的攻击性。在该物种中，不同寻常的是，几只工蚁会同时扑向一只役奴蚁，通过协调一致的防御手段对役奴蚁造成严重的伤害。如果越来越多的宿主蚁群逐渐对操控性气味免疫，那么这种欺骗性的信息素有时就会失效。

但这些戏剧性的防御策略，从某种意义上来说，类似于奴隶起义，发生的时候一切都已经太晚了。

六条腿的“斯巴达克斯”

故事是这样开始的：役奴蚁认为一切都是美好的。它们奴役了很多奴隶蚁，这些奴隶蚁事无巨细地完成每一项任务，包括照顾它们新宿主的后代。它们定期清理卵并喂养幼虫，直到幼虫化蛹并最终孵化成新一代的役奴蚁。但这一切都是徒劳的。

突然间，奴隶蚁起义了，在役奴蚁的蛹期上演了一场血战。它们把毫无防备的蛹咬死，撕成碎片，扔出巢室。很快，约三分之二的蛹都死了。这对役奴蚁来说是一个沉重的打击，它们没有预料到这一点，也无法保护自己的后代。

作为一名研究人员，我对这些血腥叛乱中的两件事特别感兴趣：奴隶蚁在可能早已失去自己蚁群的情况下，杀死役奴蚁的蛹有什么好处？为什么它们要等到役奴蚁的后代进入蛹期时行动呢？

也许我们可以站在奴隶蚁工蚁的角度来回答第二个问题。它们主要通过嗅觉来感知世界。然而，役奴蚁的卵和幼虫不会产生特定物种的气味，所以奴隶蚁的工蚁始终误认为它们是在照顾自己群体的后代。相反，蛹会产生一种特殊的气味。这使得奴隶蚁意识到它们正在与一种外来蚂蚁打交道，激发了它们本能的敌对反应，这对蛹来说是致命。

当然，奴隶蚁的工蚁本身并没有从这种破坏行为中直接获益。然而，它们的反叛也会带来一些间接的好处，因为它们削弱了役奴蚁的蚁群，减少了后者可派出的蚂蚁数量。如果役奴蚁的蚁群没有被完全摧毁，这就为奴隶蚁提供了重整旗鼓的宝贵时间。更重要的是，之前在附近形成的奴隶蚁蚁群有了一个宽限期，在这段时间内奴隶蚁不会受到攻击。通过杀死下一代役奴蚁，奴隶蚁的反叛行为提高了它们的姐妹、侄女和表兄妹存活的可能性。当涉及生存斗争时，即使是小小的胜利也可能是至关重要的。

在发生“奴隶掠夺”的地方，役奴蚁和奴隶蚁之间就会展开演化上的“军备竞赛”。与正常群体相比，这两个群体都表现出更大的遗传范围，因为某些在其他情况下难以生存的变异，在这里却能带来显著的优势。每个蚁群都有自己的策略。但科学家观察到，在压力之下的蚁群往往会产生更多的多功能个体和更少的专一个体。当生活变得艰难时，“保姆”也有在其他地方作出贡献的勇气。

是奴役还是驯化？

我们如此仔细地观察了役奴蚁和奴隶蚁，以至于我几乎不能让自己承认，我们在蚂蚁身上观察到的现象并不完全符合最严格意义上的奴隶制。这个术语只是在某种程度上描述了这种现象。诚然，奴隶制的许多特征确实适用，比如对劳动力的绑架和剥削。但一个关键的方面被忽略了：我们在人类社会中看到的奴隶制，被征服的总是同类成员。在这方面，蜜罐蚁等所做的确实是奴役，但役奴蚁的行为更类似于人类对动物的驯化。人类捕捉自由漫游的牛，把它们关起来以获取奶品；直到今天，马还被迫为人类做苦力；猪则成了餐桌上的食物。类似地，役奴蚁从不同种类的蚂蚁群体中获取劳动力，这并没有减少其行为的残酷性。

尽管如此，这种描述方式已经在科学家中流行开来。蚂蚁本身并不太在意我们怎么称呼它们。它们所关心的只是如何让自己的基因在生存斗争中越过下一道障碍。

第十一章

“医生”的自我疗愈

线虫以蚂蚁作为中间宿主，它们改变了被感染蚂蚁的新陈代谢，致使蚂蚁的后腹部变成红色，看起来像一颗成熟的红浆果，以此欺骗作为终极宿主的鸟类取食。

这部分内容稍显恐怖。在这一章中，我们将探讨折磨蚂蚁的疾病，这些疾病无疑有些令人反胃。我们还会遇到现实生活中的“僵尸”，它们在遥控蚂蚁的遗骸爬行。但我保证，这是一个皆大欢喜的结局，因为演化帮助受害者保护了自己。接下来，跟我一起走进蚂蚁世界的“病房”吧。

脓水、“粉刺”和肿块

判断一只蚂蚁是否生病并不容易。蚂蚁一点也不娇气，即使失去了一条腿或一根触角，它们仍会像往常一样埋头苦干。在与另一个蚁群作战后，它们中的一些个体甚至会带着依然挂在腿上的敌蚁头颅四处走动。即便蚂蚁患病，像感冒或胃不舒服等小病，也不会阻止它们认真地履行自己的职责。一些疾病可能致命，在这种情况下，工蚁通常会在我们昆虫学家发现之前，把尸体小心翼翼地扔到蚁群的垃圾堆里，以减少感染的风险。

只有当它们开始改变形状或颜色时，我们才意识到有些事情不对劲——例如，当蚁群受到螨虫的折磨时。这些蛛形纲动物虽然比它们的宿主小得多，但一只被几十只螨虫覆盖的蚂蚁看起来像是遭受了重创，就像刚经历了一场大冰雹一样，而且它的活动能力受到了影响，最终会饿死。当脓水和“粉刺”从体内溢出时，这通常是真菌感染的迹象——在这个阶段，蚂蚁已经死了。有时，真菌的菌丝最终会蔓延到蚂蚁的整个身体，或者从蚂蚁的嘴里和关节中涌出，直到它看起来像一个毛绒玩具。

线虫入侵蚂蚁体内时，情况变得非常糟糕。一些种类的线虫在蚂蚁的后腹部一个被称为胃的区域漫游，最终因体积过大而无法继续藏身。在这种情况下，蚂蚁的饲养者通常一开始会很高兴地看到他们的蚂蚁食欲旺盛，但实际上，一只近7厘米长的线虫已经挤进了蚂蚁的腹部，而蚂蚁本身只有7毫米长，导致其体内的重要器官受压变形。但线虫还有一个更丑陋的欺骗伎俩，以便入侵蚂蚁的生活。

假的红浆果

众所周知，品位是无法解释的，我们人类也没有理由喜欢蚂蚁所喜欢的——比如鸟的粪便。当我们看到外套、汽车甚至纪念碑上有难看的污渍时，我们可能会抱怨，而蚂蚁很高兴能免费得到一部分矿物质和营养。它们急切地把这些“残羹剩饭”捡起来，带回巢里喂养幼虫。这就是戏剧性开始的地方。

在中美洲和南美洲，鸟类的粪便中有时含有新热带线虫（*Myrmeconema neotropicum*）的卵。之后，当吃了这些粪便的幼虫羽化成蚂蚁时，就为新热带线虫提供了渴望的条件，年轻的新热带线虫在蚂蚁的后腹部变得活跃起来。在这隐匿的环境中，新热带线虫进行交配并产卵。然后，新热带线虫有一个问题要解决：尽管在蚂蚁体内的生活可能很舒适，但六条腿的蚂蚁行动范围有限。如果新热带线虫要扩散到更大的区域并找到新的宿主，它们的卵必须找到回到鸟类体内的路，借此利用鸟类作为传播媒介。问题是，新热带线虫最喜欢的鸟不吃蚂蚁，而是喜欢吃五颜六色的浆果。

新热带线虫的解决方法既简单又令人难以置信：它们把黑色的蚂蚁变成类似“红浆果”的外观。它们分泌出一种特殊的化学信号混合物，干扰蚂蚁的新陈代谢，使蚂蚁的后腹部肿胀并变红。这些混合物还会减慢原本活泼的蚂蚁的速度，直到它几乎无法移动。最糟糕的是，新热带线虫迫使蚂蚁把它的后腹部伸向空中，就像在报警一样。很快，在饥饿的小鸟眼中，蚂蚁就和真正的红浆果没有什么区别了。小鸟快速一啄，蚂蚁就死了，新热带线虫达到了它们的目的。穿过鸟类肠胃的过程不会对虫卵造成损害，它们安然无恙地等待着下一次被排出的机会，如果运气好的话，它们就会成为下一只蚂蚁幼虫肚子里的美味零食。这一过程如此循环往复。

改造一只蚂蚁的身体？弗兰肯斯坦（Frankenstein）博士[①]如果知道这些小新热带线虫有多容易生存，一定会嫉妒的。不过，他会更惊讶于绦虫的行为。

---

① 19世纪长篇科幻小说中的主人公，同时也是这部小说的名字，该小说也被译为《科学怪人》。在这部小说中，弗兰肯斯坦尝试进行了人体改造，拼接出了人造人。

长寿与厌世

绦虫采取的策略与新热带线虫相似。它们也会以卵的形式进入蚂蚁幼虫体内，穿过蚂蚁的肠壁，在腹腔中扎根。尼氏切胸蚁是否被短尾绦虫（*Anomotaenia brevis*）寄生可以通过不同的身体颜色来识别：被寄生的尼氏切胸蚁从蛹中出来时会呈现淡黄色，而不是正常的浅棕色。当我在维尔茨堡大学攻读博士学位时，就很想知道绦虫通过与蚂蚁的相互作用获得了什么。但遗憾的是，当地的尼氏切胸蚁蚁群很少受到短尾绦虫的“折磨”。因此，当我转到美因茨大学（University of Mainz）时，我惊喜地发现，这里几乎每三个尼氏切胸蚁蚁群中就有一个含有淡黄色的蚂蚁。尼氏切胸蚁对此自然不太高兴，但它们为我们的研究小组提供了必要的材料，使我们能够证明短尾绦虫不仅对受折磨的尼氏切胸蚁的生命和身体造成严重破坏；还会操纵未患病的尼氏切胸蚁。它们有能力延长尼氏切胸蚁的寿命，或者相反，缩短其寿命。

我们决定把重点放在尼氏切胸蚁上，因为它们易于收集，并且整个蚁群可以保存在实验室里。这对于观察尼氏切胸蚁群是否对短尾绦虫侵扰表现出反应是必要的。我们从树林里收集了大量的橡子，检查其中是否有尼氏切胸蚁和短尾绦虫的存在。这为我们开展一系列实验奠定了基础，结果有些令人惊讶。

我们发现尼氏切胸蚁非常清楚哪些工蚁携带了短尾绦虫，哪些没有。它们通过气味来确定这一点：被寄生的工蚁闻起来不同。这是由于它们体表的化学物质会对短尾绦虫做出反应。但是，工蚁并没有采取预防措施，把被寄生的尼氏切胸蚁姐妹赶出去，也没有清除寄生在自己身上的短尾绦虫，而是做了完全相反的事情：它们非常感人地照顾被寄生的尼氏切胸蚁，给它们带来更多的食物，并定期清理它们。事实上，它们照顾这些受苦的工蚁比照顾自己的蚁后还要好。这导致了两个后果。它们的照顾确保了被寄生的尼氏切胸蚁免受挨饿或感染

被短尾绦虫寄生的尼氏切胸蚁（左上）身体会变成浅黄色，与此同时寿命会延长。

真菌。然而，蚁群的其他成员却没有额外的食物和照顾其他被寄生蚂蚁的时间。在只有几十只蚂蚁的小群体中，这一看似微小的损失却产生了切实的后果。与没有被寄生尼氏切胸蚁的蚁群相比，有一只或几只被寄生尼氏切胸蚁蚁群中健康的工蚁和蚁后的寿命要短得多。

被寄生的工蚁与未被寄生的工蚁之间的差异更加显著。那些腹部有短尾绦虫的尼氏切胸蚁的寿命是健康同类的10倍左右。它们的预期寿命增长到与蚁后相当，本物种的蚁后可以活到约20年。如果蚁后被移出蚁群，被寄生的工蚁也能发育卵巢并产卵。这就引出了一个问题：短尾绦虫是尼氏切胸蚁的“青春之泉”和“生育灵丹妙药”吗？短尾绦虫是如何创造出这样与众不同的奇迹的呢？

该死的绦虫

通常情况下，答案隐藏在基因之中。在比较被寄生和未被寄生工蚁的基因活动时，我们发现了大约400种变化，其中许多与运动系统相关。通过某种方式确保这些基因沉默，绦虫阻碍了肌肉的发育和功能，这就是为什么当危险接近时，蚂蚁难以移动，无法逃跑。这使得它们更容易成为啄木鸟等捕食者的猎物，这正是绦虫的目的。

其他基因可以延长被寄生工蚁的寿命。在携带绦虫的蚂蚁体内，合成新蛋白质和对抗氧化应激的基因更加活跃。它们可能同样受到绦虫在蚂蚁腹部产生蛋白质的影响。我们目前还不能完全解释这一机制是如何延长蚂蚁寿命的。但我们可以肯定的是，一切都对绦虫有利：被寄生蚂蚁活得越长，被鸟吃掉并完成绦虫生命周期的概率就越大。

但是绦虫并不满足于简单地直接改变宿主的基因活动，它还操纵着蚁群中健康蚂蚁的基因活动。它会干扰速激肽（tachykinin）的平衡，而速激肽是许多动物攻击性行为发展的重要组成部分。事实上，与没有被绦虫寄生的蚁群相比，被绦虫寄生的蚁群对同类的攻击性更小。对安稳的蚁群来说，这是个有点愚蠢的变化。因为不同蚁群之间对适宜的筑巢地有着残酷的竞争，过于温和的蚁群很快会被驱逐出舒适的巢穴。然而，绦虫更喜欢温和的蚂蚁。只有当蚁群对自己巢穴的气味不那么审慎，开始接受不同气味的同类时，绦虫的宿主工蚁才能带着不同的味道在蚁群内通行。否则，天生具有攻击性的蚁群很可能会把被寄生的工蚁咬死。

最终，绦虫不仅重新编程了它赖以生存的不幸蚂蚁，还影响了整个蚁群。它就像一个暴虐的独裁者，操纵宿主的基因线，来确保自己能回到鸟类的身体里。它对蚁群毫不在乎。真是个混蛋！

然而，情况还会变得更糟！

被操控的死亡

有时，作为一名研究人员，我的工作让我对人类同胞的行为有了深刻的了解，这几乎和我在蚂蚁身上遇到的一样迷人。比如在聚会上，如果有人问我的工作是什么，我敢打赌，接下来的问题一定与处理家里或花园里的蚂蚁有关。这很合理（我在第十二章《统治世界之路》中提供了一些建议），但这真的不是我的专长。相反，我主要是告诉人们在役奴蚁突袭中发生了什么，或者一些寄生虫如何把蚂蚁变成了没有自由意志的“僵尸”，随心所欲地命令它们。这种方法似乎很有效。突然间，每个人似乎都忘记了被破坏的野餐和有毒的诱饵，转而想要更多地了解关于“僵尸”的信息。

在众多种类的蚂蚁“僵尸”中，来氏平头蚁（*Colobopsis leonardi*）一直是被研究最多的对象。这种蚂蚁主要定居在树顶，可能是因为它们在那里更安全，不受它们的一个阴险的真菌敌人——偏侧蛇虫草菌（*Ophiocordyceps unilateralis*）的伤害。然而，如果来氏平头蚁感染了偏侧蛇虫草菌孢子，偏侧蛇虫草菌的菌丝就会进入它们的身体并控制它们。与之前的假设相反，偏侧蛇虫草菌并没有控制脑来做这件事。相反，它们会直接进入肌肉细胞。在半周左右的时间里，它们已经扩展到能够控制来氏平头蚁行为的程度。它们使用信使物质向肌肉细胞发出来氏平头蚁无力抵抗的命令，尽管来氏平头蚁可能近距离地经历了这一切。渐渐地，偏侧蛇虫草菌迫使工蚁从树上爬下来，到更温暖、更潮湿的地方。这种寄生真菌最容易在湿度超过90% 且温度在20 ℃到30 ℃的地方繁殖。它使来氏平头蚁保持在离地面约20厘米的高度，并沿树干横向行走。来氏平头蚁的目标是够到树干北面的某片叶子。一旦到了那里，被遥控的来氏平头蚁就会狠狠地咬下叶子的主脉。在此过程中，它完成了真菌的第一部分任务，然后就会死亡。

第二部分的任务，来氏平头蚁的身体成为偏侧蛇虫草菌的肥料。偏侧蛇虫草菌生长大约一周后，它们的菌丝穿过来氏平头蚁头上坚硬的角质层，形成一根有来氏平头蚁身体两倍长的茎。在接下来的两到三周时间里，偏侧蛇虫草菌孢子在这个“角”上生长，最终像雨点一样落在地上。偏侧蛇虫草菌孢子从释放之初，可以覆盖大约一平方米的区域。一旦落地，偏侧蛇虫草菌孢子就会等待捕获新的来氏平头蚁，并迫使它们屈服。在一些树上，偏侧蛇虫草菌影响了很多来氏平头蚁，以至于树干成了名副其实的蚂蚁“墓地”，每平方米叶片上都悬挂有几十只“僵尸”。

这种策略似乎很有效，因为至少4 800万年以来，真菌已经把蚂蚁变成了无需动脑的运输工具和食物容器。波恩的古生物学家托斯滕·瓦普勒（Torsten Wappler）对梅塞尔坑（Messel Pit）出土的树叶化石上的咬痕进行了年龄估计。这些叶脉周围布满了小洞，与蚂蚁的咬痕完美吻合。

兼职“僵尸”

然而，在潮湿温暖的环境中，“僵尸”并不一定会发现自己被引导到树叶上。另一种真菌——潘多拉食蚁菌（*Pandora myrmecophaga*）迫使它们的受害者爬上草茎并咬住。这样做是为了将孢子从高处进一步扩散。

另一方面，矛形双腔吸虫（*Dicrocoelium dendriticum*）有一个不同的目标。就其而言，蚂蚁只是其高度复杂的生命周期中的中介宿主。它们主要生活在兔子和鹿等草食哺乳动物身上，但也见于绵羊、山羊、牛和马。甚至在狗、猪和啮齿动物中也有记录，偶尔在鸟类中，甚至在人类中也有。矛形双腔吸虫的卵通过粪便进入牧场，然后被蜗牛吃掉。在蜗牛体内，矛形双腔吸虫改变了形态，被黏液包裹

成小球，再次开始了它们的旅程。这些黏液小球被蚂蚁视为美味佳肴，而矛形双腔吸虫借此把它们变成了“僵尸”。一旦蚂蚁吃了这些寄生虫，它们将被驱使爬上树木、花朵或草，最终被饥饿的草食动物连同植物一并吞食，成为其除了植物外晚餐的一部分。

然而，有时牛和兔子都不会出现，蚂蚁会徒劳地等待被吞噬。矛形双腔吸虫在这种情况下升级了其制造“僵尸”的策略。只要温度保持在15 ℃以下，就像通常从晚上到第二天早上发生的那样，蚂蚁的上颚会牢牢地夹在叶子、花朵或茎上。如果在这段时间里蚂蚁没有被吃掉，而温度在上午开始上升，它们的上颚就会松动，矛形双腔吸虫就会让蚂蚁像往常一样生活。随后，蚂蚁会爬回自己的巢穴，恢复日常生活，直到太阳下山，温度下降。然后，“僵尸”就会被拉回空旷的地方，在那里成为草食动物的晚餐。

偏侧蛇虫草菌的菌丝进入来氏平头蚁的肌肉细胞，控制它们爬上离地面20厘米高的植物上，然后，菌丝穿过来氏平头蚁头上坚硬的角质层，形成角状的孢子团，向地面传播孢子。

接种疫苗或死亡

蚂蚁必须为真菌和寄生虫带来的痛苦承担部分责任：它们挤在充满各种微生物的巢穴中，那里的温度和湿度相当恒定，并且总是啃食死的或活的猎物，这些猎物通常携带病毒、细菌和真菌。此外，一个蚁群的成员在基因上是如此相似，以至于一旦任何病原体感染了一只蚂蚁，很容易扩散到整个蚁群。你可能会想，如果它们都生病了，这也不足为奇。

但它们没有。

蚂蚁已经演化出一种复杂的多层防御系统，以防止一只蚂蚁的感染而毁灭整个蚁群。这与我们人类自己的免疫系统有着惊人的相似之处，因此被称为社会性免疫系统。

第一步是防止病原体进入。正如我们的皮肤为我们提供保护，守卫巢穴入口的蚂蚁也在完成同样的工作。它们能彻底清洁觅食归来的蚂蚁，并清除大部分有害细菌和真菌孢子。在这样做的过程中，它们不得不接触各种各样的病原体。尽管这些病原体的数量相对较少，不足以引起疾病，但足以使蚂蚁的身体做好自我防御的准备。如果之后遭遇更大量的同类病原体，它们的身体会做出相应的免疫反应。它们可能只会轻微生病，也可能根本不生病。这种清洁过程本质上是一种简单的接种方式，就像我们人类曾经用来对抗天花的方法一样。人们会吸入被磨成粉末的天花脓疱，或将天花水泡中的液体一点点刮到皮肤上，引起轻微感染，以此激活免疫系统对抗天花病毒。接种疫苗的人通常可以预防这种疾病，但有时会病得很重，最终死亡。这就是为什么当更安全的疫苗接种方法出现时，落后的接种方式被取代。

有时清洁不够，蚂蚁仍然会生病。然而，在疾病出现之前，蚂蚁的身体通常会意识到不对劲，并向蚁群的其他成员发出警告信号。和被绦虫寄生一样，疾病会改变蚂蚁角质层上碳氢化合物的组成，所以任何蚂蚁都能识别出生病的姐妹。生病的蚂蚁也可能释放一种信息素来通知更远的蚁群，但这一点尚未得到证实。生病的蚂蚁会小心翼翼地远离巢室，因为对蚁群来说，没有什么比幼虫生病更糟糕的了。因此，蚁群的整个社会网络会受生病蚂蚁的化学信号而发生改变。蚁后只会与健康的蚂蚁接触。

然而，负责照顾工作的蚂蚁试图用额外的清洁和各种药理学技巧来治疗生病的工蚁，我们将在下一节中更详细地探讨这些方法。这样有助于在蚁群中形成一种社会免疫效应，使越来越多的个体得到更好的保护。如果上述措施均失败，蚁群只有一个办法来避免灾难：生病的姐妹必须离开。

在蜂箱中，像这样的情况是非常戏剧性的，工蜂会暴力地驱逐生病的姐妹。然而，对于蚂蚁来说，这个过程通常是安静而秘密的。这一过程通常由生病的蚂蚁自行启动。某一时刻起，生病的蚂蚁开始避免与它的姐妹接触并退缩。它们不再与其他工蚁分享食物，逃避照顾任务，最终离开巢穴，它们在外面找一个觅食工蚁不感兴趣的地方，不会打扰任何蚂蚁，它们在这里等待死亡。事实上，研究人员在实验中发现，生病的蚂蚁大多选择离开巢穴死亡，而不是被真菌或其他病原体强迫离开。他们试图让蚂蚁几乎窒息而死，观察这些注定要死的生物在自由意志的驱使下气喘吁吁地游荡。当蚁学家用镊子把它们送回巢穴时，它们甚至会第二次逃离出去。蚂蚁会把蚁群的幸福置于自己的生命之上——这无疑是好莱坞大片中的情节。

但这并不一定要以英雄般的自我牺牲告终。一个库存充足的“药房”将有助于抵御许多暗中的攻击，这就是蚂蚁抵御真菌和其他寄生虫的方法。

蚂蚁的“药箱”

1928年，苏格兰医生兼微生物学家亚历山大·弗莱明（Alexander Fleming）注意到自己的菌落正在退化，对此感到惊叹。他并不是第一个对抗生素的有益作用感兴趣的人。1910年，他的德国同事保罗·埃利希（Paul Ehrlich）成功地用抗生素治疗了一个梅毒病例。15年前，法国医生欧内斯特·杜切内（Ernest Duchesne）发现，阿拉伯的马夫允许霉菌在马鞍上生长，因为这有助于马的马鞍溃疡更快地愈合。但即使是他也落后蚂蚁世界上亿年。

在第七章《百万居民的城市花园》中，我们探讨了切叶蚁如何使用抗生素来保护它们的真菌园免受寄生真菌的侵害。令人震惊的是，这些昆虫一开始就与产生抗生素的细菌结成联盟来对抗寄生真菌，而且这些寄生真菌在5 000万年的时间里都没有成功地对抗生素产生耐药性。相比之下，人类推出新药后，往往只需几年时间，我们就必须与那些对我们所谓的“神奇胶囊”免疫的病原体作斗争。来自美国和哥斯达黎加的科学家想知道，蚂蚁和它们的抗生素生产者——链霉菌（*Streptomyces*）是否只是更擅长于生产这种抗生素。他们从切叶蚁用来处理真菌园的混合物质中分离出一种叫作 Selvamicin（昆虫共生菌的次级代谢产物）的成分，并为其申请了专利。它是否会进入我们的药房还有待观察。Selvamicin 似乎是有效的，至少对令人讨厌的白色念珠菌（*Candida albicans*）是有效的，这种真菌几乎在所有人的皮肤和黏膜上以及消化道内繁殖。

在蚂蚁的“药箱”里，Selvamicin 并不是唯一一种可能对人类有益的药物。生活在刺槐中空枝条里的彭氏细长蚁（*Tetraponera penzigi*）也使用抗生素来保护自己的真菌园。至少在实验室测试中，这种抗生素能有效灭杀令人恐惧的耐甲氧西林金黄色葡萄球菌（methicillin-resistant Staphylococcus aureus，简称 MRSA）和耐万古霉素肠球菌（vancomycin-resistant enterococci，简称 VRE）。这两种致病菌为重症监护病房和护理设施带来了巨大的困难，因为它们无法用任何传统治疗手段来对抗。如果蚂蚁能帮点小忙，那就太好了。

广告是怎么说的？“副作用可能包括……”副作用有时会在我们最意想不到的地方出现。例如，澳大利亚研究人员安德鲁·比蒂（Andrew Beattie）发现，蚂蚁用来对抗自身体内病原体的抗生素也会杀死许多植物的花粉。通常只需要最轻微的触碰即可。也许这就是与它们的近亲胡蜂和蜜蜂相比，蚂蚁作为传粉者表现欠佳的原因。即使它们尝试传粉，对花的帮助也有限。当然，也有例外：南澳大利亚会飞行的燃烧埅蚁（*Myrmecia urens*）的雄蚁能为兰花授粉，甚至在这项服务上形成了垄断。为了达到这个目的，兰花会使用一种特殊的分泌物来保护花粉不与这些雄蚁直接接触。其他传粉蚂蚁在花粉季节也会减少抗生素的生产。不要说蚂蚁做不了蜜蜂的工作。

但在保护巢穴和蚂蚁自身免受病原体侵害时，并不一定要使用抗生素。近暗林蚁（*Formica parugubris*）用小块的松脂来达到同样的目的，它们收集松脂并带进巢穴。与未接触树脂的蚁群相比，感染细菌或真菌的工蚁和幼虫存活的数量是其两倍。我们尚未明确树脂中哪种成分发挥了这一作用。我们缺乏蚂蚁的经验，而它们至少在5 000万年前就已经是天然药物的专家了。

事实证明，在战场上尤其如此。

“杀手”突袭队，还有“护士”

这对蚂蚁来说是个巨大挑战。尤其是那些专门袭击有着周密防御的同类的蚂蚁，它们必须考虑受害者的愤怒反击，眼看着姐妹不断倒下。数百万个体的蚁群或许对这样的损失不屑一顾，但当一个蚁群只有几百只个体时，每个“战士”都很重要。这就是为什么一些蚂蚁会如此小心地照顾它们的“伤员”。

例如，马塔贝勒蚁体长近2厘米，是世界上最大的蚂蚁物种之一，但说到繁殖，马塔贝勒蚁还有很多需要改进的地方。在撒哈拉以南的非洲，这种巢穴里平均每天只有12只新工蚁出现。这些马塔贝勒蚁的数量如此之少，一个拥有2 000只个体的蚁群就算是很大了，而它们的规模通常要小得多。更为惊人的是，在所有生物中，马塔贝勒蚁专门捕食白蚁，而且胃口很大。每天有几次，200到600名战士会出发去攻击白蚁的巢穴。体型较大的工蚁用它们强壮的上颚撕开巢壁，

马塔贝勒蚁在攻击其他蚁群时，不会丢下受轻微伤害的姐妹，而是把它们带回巢穴接受治疗。

为灵活的小工蚁扫清道路。与此同时，白蚁派遣了一群专责防御的“士兵”前往抵御入侵。巢内战争激烈，战斗中的马塔贝勒蚁经常失去几条腿，或者被白蚁用上颚咬住。当掠食者试图带着猎物撤退时，伤势和重负这两者都成了巨大的障碍，而受伤的工蚁往往因速度不够快而无法跟上它们的姐妹。

弗兰克在维尔茨堡大学攻读博士学位期间，观察了这些小型无脊椎动物特有的行为。突袭队让受伤的工蚁停在回家的路上，并向它们的战友求救，具体方式因物种而异。它们会发出两种刺鼻的信息素，分别闻起来像臭鸡蛋或臭奶酪。然而，它们的同伴并没有被气味吓跑，而是捡起了疲惫的“战友”，把它们带回了巢穴。它们一到，“护士”就开始照料它们。“护士”小心翼翼地啃掉附着在“病人”身上的白蚁，并舔它们的伤口。研究人员尚未确定是否在这一过程中使用了抗生素。不管怎样，治疗总体上是成功的：虽然三分之一未获治疗的工蚁在几个小时内死亡，但几乎所有得到“护士”护理的马塔贝勒蚁都活了下来。由于蚁群中约有三分之一的马塔贝勒蚁会在一生中失去一条或多条腿，“护士”的医疗护理使蚁群的个体数增加了约三分之一。

这是否意味着马塔贝勒蚁有类似于红十字会的组织，无私地照顾它的伤病员？并非如此。正如我们经常看到的那样，蚂蚁在照顾它们的同伴时，不知不觉地进行着冷酷的成本效益计算。把受伤的工蚁带回家值得吗？这会成为蚁群的负担吗？这个决定非常简单：如果这只蚂蚁只是被白蚁缠住或者失去两条腿，一旦异物被移除，它就能适应行动，或者几天后就能适应残缺的肢体，并恢复以往的速度，那么它就会获救。然而，如果它的三条或更多腿被咬掉了，它将永远无法恢复到能够去袭击的状态，它还不如死在战场上。从我们的角度来看，这可能是一个相当可怕的决定，但对蚂蚁来说，这是一个合乎逻辑的结论，是由受伤的一方自己做出的：重伤的工蚁不会发出化学求救信号，它们只是静静地向命运投降。这些蚂蚁是真正的战士，坦然面对生命的最后一刻。

第十二章

统治世界之路

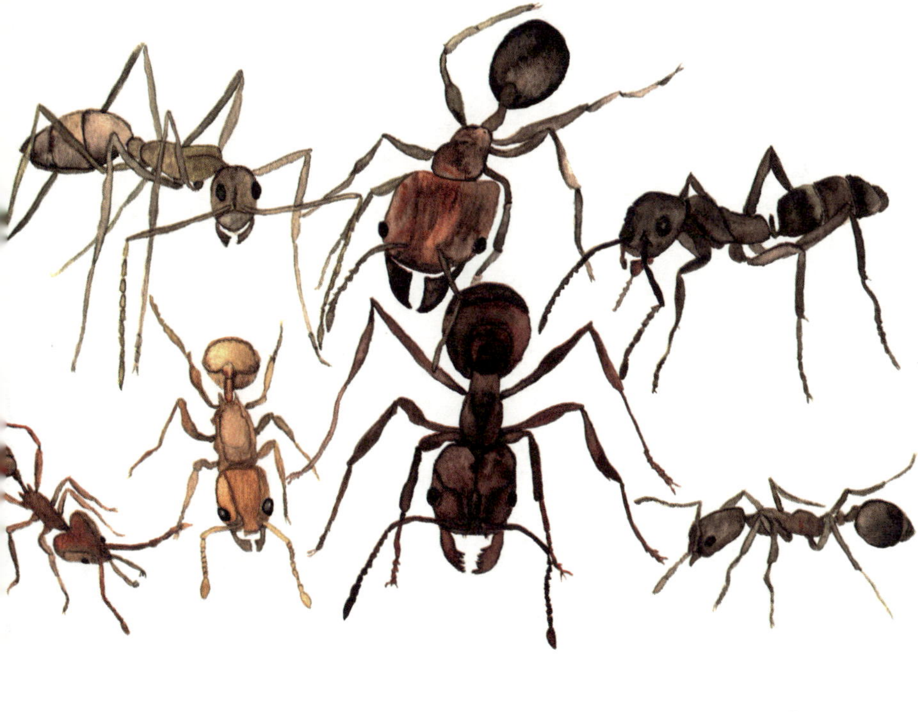

所有种类的入侵蚂蚁都开始探索着如何统治世界。

对新大陆的征服始于16世纪。大约在这个时候，西班牙水手从他们在墨西哥阿卡普尔科的家中带走了一个蚁群。水手把它们拖过太平洋，运到菲律宾马尼拉，埋在几百千克重的土里。当时，这座城市是远东地区最重要的贸易点之一，西班牙人在那里发现了有利可图的货物。他们把多余的土和那些被连根拔起的蚂蚁，扔在港口的空地上。他们未曾意识到，他们正在帮助这个小蚁群建立一个新的“帝国”，这个“帝国”有一天会覆盖全球。

今天，我们在全球多地发现了热带火蚁（*Solenopsis germinata*）始祖种群的后代，这些地方原本并非它们的栖息地。从马尼拉，水手们把它们带到中国和东南亚各地的不同贸易点。在前往欧洲的旅途中，它们也抵达了非洲，还陪同英国殖民者来到了澳大利亚。基因和航线揭示了这段历史。但它们也揭示了其他一些东西：尽管这些蚂蚁分散在全球各地，但它们都属于一个家族。一只来自葡萄牙的蚂蚁可以径直走进澳大利亚的巢穴，受到像姐妹一样的欢迎。它们是用武力征服世界的超级蚁群的一部分。这种全球超级家族的数量比你想象的要多。

其中一些物种让人们的生活变得难熬。

故乡的蚂蚁

在它们的原产地，这些小征服者通常是普通的蚂蚁。大多数物种都生活在一个或几个巢穴中，由一个或几个蚁后统领。蚂蚁的王国可能仅围绕着一棵树或一个花园，有些物种的领地甚至可以覆盖整个森林。然而，它们的领地很少超出这个范围。这是由于它们与邻居之间不断的争端，邻居与它们争夺食物、蚜虫和筑巢地点。“小国”的激增使它们无法尝到更大权力的滋味。

正如我们在这本书中所看到的，蚁群面临众多挑战。在极端情况下，真菌和其他病原体可能导致整个蚁群的灭亡。鸟类、蜥蜴、蜘蛛、蜈蚣和其他食肉动物是蚂蚁的天敌，对它们而言，婚飞标志着一场盛宴的开始。这是一种久经考验的策略，各参与者相互制衡，以确保一切都在其限制范围内，没有谁能够占上风。对于蚂蚁来说，每天都在为生存而挣扎；对于生态系统来说，这是一个动态平衡；对我们来说，这里仿佛是天堂。

直到人类介入并将这个王国的一部分带到另一个世界。

形单影只在异乡

这通常是偶然的。例如，一个刚刚交配完的热带火蚁蚁后在收获期间找到了一袋热带水果，或者一小部分蚁群爬上了一艘船。植物园或公园引进外来植物时，蚂蚁往往会不由自主地重新安家。蚁群甚至可以在非活体的热带木材中筑巢。普通游客可能会在不知情的情况下把被蚂蚁占据的纪念品带回家。不可忽视的是，一些国家希望解决当地害虫，因此（错误地）引进了外国物种。全球贸易和全球化不仅将货物和人员带到世界各地，也将蚂蚁带到世界各地。然而，正如预期的那样，蚂蚁发现自己被扔在陌生的环境中，必须设法适应并利用它。但通常，这种尝试会失败，旅途疲惫的蚂蚁会死亡。

但有时它们会开始发起一场征服之战，就像这个国家多年未见的那样。

要做到这一点，它们首先必须站稳脚跟，生存下来。它们被“流放”的地方不能太热或太冷，也不能太干或太潮湿，必须有合适的食物来源和筑巢地点。如果这些条件都满足了，身处异乡的蚁后就有机会建立第一个蚁群。如果一切顺利，它们的蚁群将茁壮成长。有时，它们在新环境中的发展速度甚至超过本土。

有时候，这确实是魔幻一样的开局。如果这些被运来的蚂蚁在以前的家是健康的，它们在新的家往往也会保持健康，因为那里通常没有可能感染它们的病原体。它们的新家通常没有专门的捕食者，也可能没有同一物种的蚂蚁争夺领土。简而言之，这里就是天堂。有些种类的蚂蚁甚至不需要第二次传入。

征南闯北

西班牙不再属于西班牙人，法国也不再属于法国人，葡萄牙人也失去了对葡萄牙的控制。整个地中海西北海岸和直布罗陀的大西洋海岸，直到葡萄牙和西班牙之间的边界，都牢牢地掌握在俗称阿根廷蚁

（Argentine ant）的小麻臭蚁（*Linepithema humile*）的手中。这些小麻臭蚁统治着沿海约6 000千米的生态系统。这里曾经是各种不同物种的聚集地，现在却变得单调乏味，因为本土蚂蚁的聚居地已经所剩无几。甚至征服者自己也给人留下了相当单调的印象。你看，它们并没有建立几个不同的蚁群并进行传播。相反，只有两个蚁群统治着整个沿海地区。南欧西部实际上被两大蚂蚁“家族”掌控，它们拥有无数亿成员。这些蚂蚁所展现的家族凝聚力，是任何紧密组织都渴望的。

这一切都始于1895年，当时一只蚁后被带到该地区，并成功地建立了一个蚁群。起初，小麻臭蚁似乎对当地蚂蚁构不成太大威胁，因为它们的体型非常小。工蚁的体长约2到3毫米，蚁后则约为其两倍。不仅如此，它们孤身只影：第一群处女蚁后和雄蚁无法从其他蚁群中找到伴侣。“王室”的兄弟姐妹们别无选择，只能相互交配。它

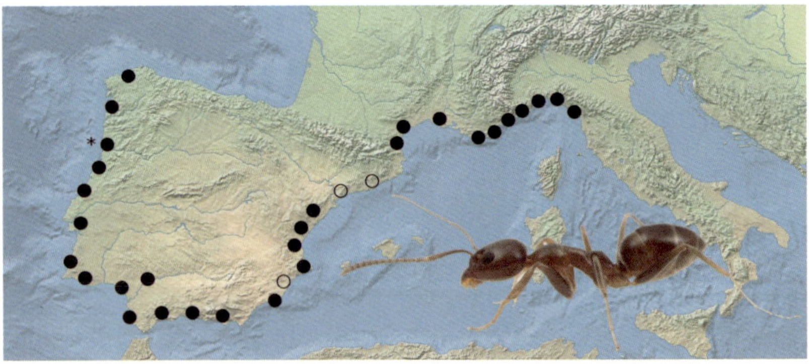

小麻臭蚁的两个超级蚁群统治着从葡萄牙和西班牙沿海约6 000千米的生态系统（图中黑色的和白色的圆分别代表两个不同的蚁群）。

们不再飞离巢穴交配，而是在母巢里进行。蚁后们作为共同“摄政王”留在巢穴里。当一个蚁群中的个体数量过多时，一只或几只蚁后会带着一部分工蚁和后代搬出去，建立一个新巢。这个新巢与母巢保持密切联系，以至于小麻臭蚁在任何地方都有家，想来就来，不受其他蚂蚁的阻挠。从本质上讲，这仍然是一个单一的蚁群，现在居住在几个巢穴中，这种现象被我们昆虫学家称为“多后制”。

因此，小麻臭蚁的领地不断扩大。一个巢穴变成几个，几个变成多个，很快就繁衍出成千上万只小麻臭蚁，它们和谐共处，而不是像来自不同蚁群的同一物种那样，为了争夺领土而经常发生争斗。一个超级蚁群出现了，在那里存在着一种不可侵犯的和平，但它们继续对外部世界采取越来越强的侵略行动，以养活内部许多饥饿的成员。

当然，这引发了与该地区土著蚂蚁的冲突。土著蚂蚁通常体型更大、更强壮，也无意放弃它们的祖先家园给这些新来者。如果仅凭单个个体的力量，小麻臭蚁的征服从一开始就注定了失败。但小麻臭蚁以速度和团队精神弥补了力量上的不足。它们会比竞争对手更快地找到食物并迅速带走。小麻臭蚁几乎会在其他物种察觉之前就将食物一扫而空。一旦遇到麻烦，受到威胁的工蚁就会呼唤它的大家庭来帮助，甚至用巨大的群体数量来压倒更好斗的土著蚂蚁。

地盘很快就落入小麻臭蚁的手中。

还是基因说了算

入侵者成功的秘诀在于它们个体众多，并且团结一致。这种入侵者不会像其他来自不同蚁群的同种蚂蚁那样相互争斗，而是集结成一个超级团结的蚁群，将它们积累的攻击性向外转移。这一策略是非常有效的，但为什么这种行为发生在这里，而不是在入侵者的原产地呢？

再次强调，这一切都是基因决定的。简单来说，基因竞争是为了繁殖。当然，这一过程不是有意识的。但能成功繁殖的有一定价值的基因会延续至后代。反之，最优秀的基因如果不能确保传递给下一代，则可能丢失。从基因的角度来看，动物、植物、细菌甚至人的身体不过是帮助它们达成目标的工具。因此，在一个具有各种不同基因变体的自然演化的动物社会中，基因和它们的工具之间为争夺繁殖资源——包括食物、筑巢地和合适伴侣——存在着明显的竞争。每个基因变体都希望自己得到最好的。这导致了同一物种不同个体之间存在压力，然而，这些物种有点不同。

入侵者缺乏的正是这种细微的差别。在这些群体中，所有个体都可以追溯到被携带到新环境中的动物。小麻臭蚁都来自同一个蚁后，拥有相同的基因。因此，它们没有竞争的理由，没有独立的领土，也没有封闭的巢穴。即使是在一个由数十亿只蚂蚁组成的蚁群中，这个家族的所有成员都是密切相关的，在基因上很大程度上彼此相似。小麻臭蚁能意识到这一点，因为它们和所有的姐妹闻起来一样。一只工蚁可能来自葡萄牙大西洋海岸、法国马赛或意大利里维埃拉，但它的气味与共同祖先的气味一致。这是超级蚁群的气味。

因此，演化不需要重建小麻臭蚁和其他入侵者的基因来改变它们的行为。新蚁群的创始种群只由少数几种基因变异的蚂蚁组成，变异极其有限。这就是所谓的遗传瓶颈，物种在迁移过程中通过这个瓶颈，使得后代基因高度一致。

对于小麻臭蚁来说，这不仅意味着欧洲超级蚁群仍然是一个单一的家族，还意味着它在加利福尼亚、南非、南澳大利亚和日本南部的分支仍然密切相关，彼此视为姐妹。当交换单个小麻臭蚁时，小麻臭蚁仍然能够彼此合作并分享食物。在人类无意的帮助下，小麻臭蚁成功地建立了一个横跨全球的超级蚁群。

当然，也有一个例外。奇怪的是，在加泰罗尼亚，工蚁也想从西班牙的蚁群中独立出去。第二个更小的超级蚁群已经建立起，并与其他小麻臭蚁竞争，争夺领土。在某种程度上，决定巢穴气味的基因一定发生了突变，加泰罗尼亚的小麻臭蚁无法抗拒独立的气味。

一旦入侵者建立了蚁群，它们的邻居就会陷入困境。缺乏病原体、捕食者和顽强的竞争对手等调节因素，没有什么能控制住这些新来的入侵者。这样入侵者就可以在这片区域横行，完全不受控制。小麻臭蚁不仅大量捕杀附近的其他蚂蚁物种，其协同共栖的蚜虫和介壳虫也对当地农业造成了极大的破坏，导致作物枯萎。如果没有与这些作物相关的花朵，授粉昆虫就找不到食物，或者可能会被小麻臭蚁杀死。整个生态系统可能因此失控。

圣诞岛上的情况尤其糟糕。

撼动生态系统

圣诞岛是澳大利亚的领土，坐落在印度洋上，被广袤的热带雨林覆盖。但这片森林的大片地区更容易让人想起植物园，而非未经破坏的丛林，因为地面上几乎寸草不生。这是由于数百万只圣诞岛红蟹生活在这里，以低垂的树叶和嫩芽为食。每年一次，圣诞岛红蟹会迁徙到海里产卵。这些红色甲壳类动物的迁徙是地球上最壮观的自然景观之一。至少目前如此。

这些生物正在面临细足捷蚁（*Anoplolepis gracilipes*）的威胁。细足捷蚁也叫黄疯蚁。是的，真的叫这个名字。它们的名字来源于它们奔跑时的习惯，当受到惊扰时，它们那格外细长的腿和触角使它们的动作看起来有点疯狂。我们不知道细足捷蚁最初从何而来，也许它们来自中国①、印度或西非。从夏威夷到加拉帕戈斯群岛，在澳大利亚以及印度洋和太平洋的许多岛屿上都有它们的蚁群。起初，细足捷蚁很好地融入了圣诞岛的生态系统，并持续了60年左右，好像它们一直属于那里。但在20世纪90年代，出现了严重的问题。这也许是由厄尔尼诺现象造成的，厄尔尼诺现象改变了洋流，引发了一个极端干燥的时期。缺水导致树液中富含氮的营养物质的浓度上升，这对以树液为食的介壳虫来说是一种绝佳的食物，而介壳虫的蜜露是细足捷蚁的主要食物。到目前为止，我们尚无法确切解释这一现象，可以肯定的是，从那时起，这种疯狂的蚂蚁经历了种群大爆发。在一些地方，它们的数量如此之多，以至于形成了一个“蚂蚁地毯”，能完全覆盖脚下的地面。这还只是我们能看到的外出活动的细足捷蚁。没有人知

---

① 译者注：尽管有这方面的观点，但细足捷蚁的原产地在中国的可能性不大，它们最可能的原产地是非洲，但南亚及东南亚地区也有一定的可能性。在国内多数地方，仍建议视其为入侵物种。

细足捷蚁大量捕杀圣诞岛上控制其他植物数量的圣诞岛红蟹，致使荨麻家族的植物成功入侵圣诞岛，撼动了原有的平衡的生态系统。

道细足捷蚁的真实数量。

但它们的存在不容忽视。这群细足捷蚁会吃掉沿途任何跑不掉的生物。除了昆虫，大量的圣诞岛红蟹也沦为牺牲品。据估计，它们已经杀死了1 000万到2 000万只圣诞岛红蟹。它们把蚁酸喷到圣诞岛红蟹的眼睛和关节上，使其失明并丧失行动能力，因脱水或疲惫而死，然后将尸体撕成碎片并带回巢穴。即使是那些生活在没有细足捷蚁的地方的圣诞岛红蟹，当它们在前往大海的旅途中被迫穿越细足捷蚁的领地时，也会成为细足捷蚁的受害者。甲壳类动物、小型哺乳动物和不会飞的幼鸟都是细足捷蚁的猎物。澳大利亚科学家担心细足捷蚁会彻底消灭圣诞岛上特有的阿伯特鲣鸟。

曾经茂盛的丛林现在已面目全非。由于细足捷蚁大量捕杀圣诞岛红蟹，没有圣诞岛红蟹留下来保护矮树丛。直接后果是，幼苗长得很高，尤其是那些以前无法在树木中成功入侵的幼苗。荨麻家族的植物和巨大的非洲大蜗牛也在传播，它们的数量以前被圣诞岛红蟹控制着。不要忘了黏稠的介壳虫的蜜露，现在介壳虫的数量是如此之多，以至于细足捷蚁再也无法完全消耗掉。相反，这些蜜露会附到下面的植物上，黏在叶子上，使它们容易受到霉菌和霉变的影响，以至于即使是较大的树木最终也会死亡。这个疯狂蚂蚁的超级蚁群及其协同共栖的介壳虫共同导致圣诞岛约5% 的土地荒漠化。而且目前还看不到结束的迹象。

但受到这些外来蚂蚁影响的不只是圣诞岛红蟹和树木。没有任何生物能免受入侵者的影响，即使是万兽之王——狮子。

与狮争食

许多入侵蚂蚁都喜欢温暖的气候。它们通常不适应寒冷的夜晚和霜冻的冬天，因此只能在中欧的某些地方传播，比如在棕榈树屋里。

当我在慕尼黑大学（Ludwig Maximilian University of Munich）担任教授时，我和同事们观察到，作为100种最恶劣的入侵动物之一的广大头蚁（*Pheidole megacephala*）在那里的动物园中筑巢。这种蚂蚁认为棕榈树屋是它们的领地，并不断地掠夺其他动物的食物。成群结队的黑色小觅食者向鸟和龟的食物涌来。连留给狮子的食物，它们也不放过，因为狮子的围场位于棕榈树屋里。如果饲养员在狮子到达棕榈树屋之前过早投喂肉类，那么肉上很快就会挤满了广大头蚁，导致万兽之王对这些肉嗤之以鼻，再也不想吃了。

然而，我们对入侵蚂蚁的科学兴趣很大，要归功于它们出色的高效招募能力。当时，我们正在思考一个问题：入侵蚂蚁是如何迅速地带领巢穴中的其他成员寻找到食物的？在我们的提议下，动物园园长很高兴地允许我们去寻找这些六条腿的昆虫——这是一个观察入侵蚂蚁的方便机会，而且不需要进行大规模的探险。我们带着水桶和铁锹，一头扎进人工栖息地，饲养员和园丁怀疑地看着我们，担心他们精心培育的植被被破坏。我们小心翼翼地四处挖掘，寻找广大头蚁的巢穴。我们成功地找到了一些巢室和大量的工蚁，但没有找到蚁后。它们肯定会住在很深的巢室里，我们得拆掉一半的棕榈树屋才能把它们带上来，拖到实验室去。面对这样的局面，友善的动物园园长得出结论，两害相权取其轻，我们不得不舍弃蚁后并离开。

然而，在其他地方，入侵蚂蚁不仅局限于人工供暖的空间，还占领了人类为自己建造的大型室外场地。

高尔夫球场上的“小恶魔”

美国人热爱他们的高尔夫球场。在这些精心修剪的土地上，整齐的草坪是秩序和休闲的缩影。问题是，红火蚁也喜欢这种绿色空间。当高尔夫球手接近巢穴时，这些“小恶魔”清楚地知道如何表达自己的不满——事实上，毫无疑问，就是用令人不快的螫针。仅在2000年，美国南部各州就有约3万名高尔夫球手因被红火蚁螫伤而住院，超过100人死亡，其中大多数死于过敏性休克。

但是红火蚁在高尔夫球场、农场、耕地、花园或公园里并没有表现出特别的生存优势。像所有入侵者一样，它们之所以能在这里传播，是因为它们体型小、攻击性强、数量多，并且具有家族凝聚力，这些可以追溯到它们的基因。

然而，这个看似幸福的大家庭已经开始出现裂痕。在 *Gp–9* 基因中，红火蚁的基因以两种不同的变体出现，称为等位基因，用大写的 B 或小写的 b 来表示。由于每只红火蚁在细胞内携带一个来自母亲的基因副本和一个来自父亲的基因副本，因此有遗传配置为 BB、Bb 和 bb 三型的红火蚁。这一微小的差异对红火蚁的外表没有影响，但似乎会影响其生存能力，因为带有 bb 型的个体通常在卵中就会死亡。因此，等位基因 b 很难存活。但它在健康方面的不足，在很大程度上由它的自私行为弥补了。

Gp–9 基因也会影响其携带者的气味，而红火蚁在气味方面是出了名的挑剔，它们会很快处理掉任何让它们觉得不舒服的气味。在一个有 Bb 型蚁后的蚁群中，等位基因 b 导致 Bb 型工蚁在年轻的 BB 型蚁后刚孵化时就将其咬死，从而消灭基因竞争。而不生产自己后代的 BB 型工蚁得以幸免，并抚养 Bb 型蚁后的后代。演化论研究者理查德·道金斯（Richard Dawkins）推广了自私基因的概念，他把像 b 这样的等位基因称为“绿须基因”，这种等位基因的携带者能够相互识别并提供支持。他之所以选择这个不同寻常的名字，是因为这些等位基因的表现就像是给它们的携带者添了一副绿须：所有的绿须个体都确保其他绿须个体享有优势，同时让那些有不同颜色须的个体处于不利地位。基因之间的关系显然很糟糕，它们通过携带基因的身体来解决彼此间琐碎的争吵。

它们还揭示了一个物种的历史。历史学家通常对蚂蚁这样的小生物不太感兴趣，直到一个物种过于惹人关注，以至于很难忽视它时。而它的起源往往是很久以前的事，以至于几乎不可能确定它是何时从哪里迁徙过来的。在这种情况下，查看基因通常是有帮助的。脱氧核糖核酸（Deoxyribo Nucleic Acid，缩写为 DNA）是高度稳定的分子，细胞核中的修复机制可以修复几乎所有出现的缺陷或变化，尽管并非全部。偶尔，一些偏离标准的基因会保留下来，随着时间的推移在种群中积累起来。一个地区蚂蚁的基因种类越多，它们在那里演化的时间就越长。另一方面，随机选择的创始种群在新家园开始生活时几乎没有任何基因多样性。对世界各地红火蚁基因的分析显示，这些昆虫在南美洲表现出最高的基因多样性，这可能是它们的起源地。相比之下，它们在美国、澳大利亚、中国和菲律宾的基因突变极为相似。因此，我们可以得出结论，红火蚁是由人类活动传播到那里的——就像几乎所有的入侵者一样。

但事情并不总是这样。

抗寒力和所有权

暗灰蚁（*Formica fuscocinerea*）是少数几个在没有人类干预的情况下便能开发新地区的入侵者之一。至少在德国南部是这样的。在从奥地利阿尔卑斯山向北行进的途中，暗灰蚁逐渐侵占了慕尼黑地区。它们总是在寻找沙质土壤，从而占领了诸如伊萨尔河（Isar）等河流的砾石河岸，以及铁路堤岸、植被稀疏的路边和游乐场，让当地人感到恐惧。在一块仅比1平方米大一点的土地上，有多达212个巢穴入口。所有从德国达豪到奥地利的入侵者，都属于同一超级蚁群。与其他250种（最多）入侵蚂蚁不同，暗灰蚁能够忍受寒冷的冬天。它们耐寒，来年春天一定会现身。毕竟，在很多情况下，这些入侵者只有在为时已晚时才会被发现。

入侵的失落毛蚁（*Lasius neglectus*）之所以能在世界各地偷偷地传播这么长时间，是因为它实际上和常见的黑毛蚁（*Lasius niger*）比较相似。区分它们的最可靠方法是观察工蚁的数量：如果只有几只工蚁在一条小路上快速移动，它们就是黑毛蚁；然而，如果这条小径上挤满了觅食的工蚁，看起来不像是一条"人迹稀少"的小路，而更像是一条多车道的拥挤"高速公路"，那么你看到的可能是入侵的失落毛蚁①。

直到1990年，在布达佩斯的一座植物园里，昆虫学家才发现他们研究的是两个不同的物种。失落毛蚁可能起源于黑海地区，随着时间的推移，它们被带到欧洲各地的公园和植物园的土壤中，伴随着植物移栽，在越来越多的城镇和城市中建立了分支。它们不仅在数量上超过了当地的物种，在贪婪程度上也超过了它们。毛蚁属的蚂蚁通常会占据食物来源，以抵御可能会出现的竞争对手，但如果它们发现邻居已经率先占领了食物，它们会愿意与其他蚂蚁分享食物。失落毛蚁却不是这样。在它们看来，所有的食物都是它们领地的财产，所以它

---

① 译者注：这一方法在我国并不合适，在我国，亮毛蚁等本土物种也能形成很长的队列。

们经常会争夺严格来说已经属于其他蚂蚁的食物。在此过程中，它们仅在布达佩斯就驱逐了17种其他蚂蚁。当它们在户外不受欢迎时，它们会很高兴地出现在我们的家中，并喜欢在电子设备附近筑巢。然而，公寓、企业和医院是另一种蚂蚁的领地。

嗜热的细菌传播者

法老小家蚁是美国和欧洲体型最小的蚂蚁之一，同时也是最危险的蚂蚁之一。不是因为法老小家蚁是特别大的咬人者或螯人者，而是因为它们瘦小的身材意味着它们可以穿过最狭窄的裂缝，在最肮脏的地方闲逛，愉快地传播各种病原体。

这个物种是来自热带地区的典型流浪动物，因此无法忍受寒冷的北方气候，更喜欢在人类家中寻找舒适的地方。它最喜欢的地方是靠近火炉、热水器或通风设备（最好是面包店），以及商业厨房或医院的难以触及的缝隙。在这些地方，它们总是能很容易地找到食物。法老小家蚁并不挑食，无论是死银鱼、糖水还是生肝脏，它们找到什么就吃什么。不幸的是，它们也吃尿液、粪便、呕吐物、血液和脓液。它们摄入的细菌清单可能会让医生想起生动的微生物学讲座。只有维持高度的清洁标准才能防止这些昆虫接触到它们最喜欢的食物。即使密封良好的包装和关闭的冰箱门也难以阻挡它们。如果医院里的病人无法保护自己，法老小家蚁会毫不犹豫地爬到敷料或石膏下，啃咬病人的伤口。它们可以用大量令人不快的病原体感染身体最虚弱的人，如早产儿、重病患者或将死的病人。

法老小家蚁也会危害我们的家，尤其是在佛罗里达州。它们沿着热水管道之间的缝隙爬行，以此在屋内四处活动。如果你的邻居家里有法老小家蚁，他们很快就会看到它们在厨房里行军，勤奋地传播沙门氏菌。出于这个原因，任何“招待”过法老小家蚁的食物都最好丢弃到外面的垃圾堆里。如果你的厨房开始闻起来有变质的肉味，源头可能是法老小家蚁的个体供应“商店”。当它们不能一次把所有东西都搬回来的时候，它们就会建造这些小仓库。但如果食物供应持续充足，它们就会忘记自己的储备，香肠和肉的碎屑就会开始变质。然后，当人类的忍耐达到极限的时候，就该反击这些小“霸主”的入侵了。

用技术解决入侵

不幸的是，这就是问题真正开始的地方。尽管有科学智慧和高科技手段，但完全摆脱入侵者几乎是不可能的。我们大多已经放弃了通过从入侵者的原产地引入天敌来驱逐它们的旧方法——而且这是有充分理由的。大量案例表明，在没有充分研究的情况下干预生态系统，事情往往会变得更加糟糕。一个最好的例子是20世纪70年代，澳大利亚人引进甘蔗蟾蜍，希望以一种生物友好的方式解决甘蔗种植园的甲虫“瘟疫”。最初，这确实减少了甲虫的侵扰。但不幸的是，这些有毒的甘蔗蟾蜍大量繁殖并扩散，导致了新的灾难性入侵。

尽管如此，目前正在进行测试，以评估是否可以利用新引入的物种来控制细足捷蚁的数量。然而，他们希望攻击的不是细足捷蚁本身，而是其主要食物来源——介壳虫。一种小型细腰蜂与这种介壳虫在东南亚共享栖息地，它们只在这种介壳虫体内产卵，可能会导致这种介壳虫的数量大量减少，降至可接受的水平。当然，这种方法可能只在圣诞岛上有效。在澳大利亚大陆上生活着许多其他种类的介壳虫，这意味着细足捷蚁可以转移到不同种类的介壳虫上，继续发展它们的超级蚁群。

另一种阻止这些入侵者的方法依赖于一种精制的化学“杀手锏”。加州的害虫控制人员希望使用人工信息素，这种信息素与蚁群的气味基本一致，但又有足够的差异，以至于工蚁会把喷洒了这种气味的姐妹视为外来入侵者，从而引发小麻臭蚁之间的内战。而在日本，通过费洛蒙（pheromones）模仿蚂蚁的足迹标记和扰乱它们的导航系统来引起混乱。当然，传统的毒饵也取得了一定的成功。但这些方法的效果都不会持续太久。这些方法不可能完全杀死所有蚁群。只要有一只蚁后存活下来，一旦信息素消耗殆尽，或者毒饵分解，它就可以开始重建它的帝国。然后戏剧又开始了。

但也许大自然最懂得如何自我修复。

意料之外的结局

2018年，新西兰科学家报告称，在所有被调查地区中，小麻臭蚁的数量减少了40%，在其他许多地区，它们的数量已经减少到只有几个巢穴。研究人员在塞舌尔进行的类似观察显示，在塞舌尔的一些地区，细足捷蚁已经绝迹，这有利于当地物种，它们随即开始在失而复得的领土上重新繁衍。在得克萨斯州，一些地区也开始从红火蚁的危害中恢复过来。一直在一个自然公园里跟踪蚂蚁群落发展的同事告诉我，在红火蚁入侵之前，公园里有74种蚂蚁，入侵后减少至21种。然而，目前该地区红火蚁的密度有所下降，蚂蚁的种类数量再次上升到53种。我们还不知道这种看似神奇的消失背后的原因。但我们有两种观点可能解析这种现象出现的部分原因。

首先是外部因素。入侵蚂蚁之所以成功，是因为它们几乎不会生病，也不会被捕食。然而，如果病原体和食虫动物有时间适应这些新来者。例如，如果一种真菌对超级蚁群的成员产生兴趣，它就会迅速传播。所有的蚂蚁实际上都是一样的，有相同的防御机制。如果一种病原体可以杀死一只蚂蚁，那么其他蚂蚁也难以抵御它。基因的相似性曾是成功的秘诀，但结果证明这也是造成快速大规模死亡的原因，正如我们从自己的单一文化中所了解的那样。

内部因素也利用了遗传的单一性。正如我们在第十章《寄生和役奴蚁》中看到的，有时一个物种会因为微小的差异而分裂，产生一个寄生姐妹物种，以其姐妹物种为代价发展壮大，彻底剥削它们。这些群居寄生蚂蚁即使在超级蚁群中也能茁壮成长。但那些只由蚁后和雄蚁组成的物种，由于缺乏工蚁，对蚁群没有任何贡献，可以削弱数十亿蚂蚁的蚁群，以至于蚁群恢复到原来的规模。

就像人类的帝国一样，蚂蚁的帝国也不会长久稳定。要是它们能轮流称霸就好了。

超级蚁群间的战争

一个国家最悲壮的灭亡方式无疑是被另一个超级大国征服。马其顿王国吞并了波斯帝国，拜占庭帝国被奥斯曼帝国征服，蒙古帝国征服了西亚和东欧的诸多国家。

在美国温暖的南部各州，一场类似的权力斗争正在展开。入侵的红火蚁的超级蚁群似乎牢牢地控制着这个地区，但随后棕黄尼氏蚁（*Nylanderia fulva*）开始挑战它们的地位。棕黄尼氏蚁首次被发现是在2002年的得克萨斯州休斯敦，从那以后，棕黄尼氏蚁已经扩散到得克萨斯州、佛罗里达州、密西西比州和路易斯安那州的其他地区。由于雌蚁和雄蚁都不会飞，它们的征服过程非常缓慢。作为补偿，棕黄尼氏蚁在觅食时比其他物种更加细致。它们能从一个区域收集如此大量的食物，足以喂养数量是同一区域竞争对手100倍的棕黄尼氏蚁。

当地昆虫不喜欢这些小“新贵”。红火蚁无论走到哪里，都紧随疯狂的棕黄尼氏蚁。红火蚁随时准备战斗，但往往败下阵来。棕黄尼氏蚁有一种秘密武器：一种可以中和红火蚁毒液的解药——普通的甲酸。如果一只红火蚁用它的招牌“鸡尾酒”喷洒一只棕黄尼氏蚁，受影响的棕黄尼氏蚁会用后腿站立，向前推后腹部，以便用上颚触碰到自己的腺体。它需要一滴甲酸，然后用它的前腿将甲酸涂抹在整个身体上。一旦涂抹完毕，它就会愉快地回到战斗中。这是一种防御技术，蚁学家在南美洲观察到这一现象，并且发现在它们的第二故乡效果更好。这种棕黄尼氏蚁正在一米一米、一个州一个州地击退红火蚁。

令人难以置信的是，生活在被入侵地区的人们希望红火蚁回来。这是因为虽然红火蚁把所有的地域都视为自己的财产，但只有当你离它们的巢穴太近时，它们才会表现出攻击性。另一方面，棕黄尼氏蚁不仅占领院子、花园、田野、草地、荒野和高尔夫球场，它们还想入侵人们的家园。一旦进入室内，它们就会在墙壁和中间楼层筑巢，栖息在空调设备和其他家用设备上，甚至探索电脑和电视。棕黄尼氏蚁在穿越房屋的过程中，啃咬电缆，经常导致电缆短路，这很可能是造成多起房屋火灾的罪魁祸首。

对于棕黄尼氏蚁，目前还没有任何有效的防御措施。它们不会被有毒的诱饵诱惑，在美国也没有天敌。人们所能做的就是小心翼翼地确保自己在前往无棕黄尼氏蚁的地区时，没有携带任何棕黄尼氏蚁。这为它们赢得了一点时间，直到研究人员找到应对策略。或者直到下一个入侵者决定接管这些疯狂蚂蚁的新帝国。当然，如果你家里的地毯上已经爬满了棕黄尼氏蚁，这个信息对你来说就没什么用处了。

路障和芳香防治法

当人们发现我以研究蚂蚁为生时，经常问我的问题就是：“我如何摆脱这种生物？”答案很简单：“看情况！”

如果你不幸发现家里有法老小家蚁筑巢，就不应该浪费时间去自行尝试处理，而是请一位对这些害虫有经验的专家来。你应该选择用一些能够长期有效的方法来处理整个家中的问题。用毒药是不行的，因为法老小家蚁会避开曾有姐妹遭遇不幸的食物。因此，专业人士经常使用含有保幼激素的药物使蚁后不育。这将导致蚁群逐渐衰老，并死于集体虚弱。

但如果只是普通的蚂蚁从花园或街道来到你的家，我建议你跟踪并监视这些蚂蚁，看看它们是如何进入的。它们通常从窗户或门上的小洞，或砖墙上细微的裂缝中爬进来。你可以从五金店买一种合适的混合物，简单地把洞或缝隙填满，很快就会隔断蚂蚁流。此外，你也可以用化学物质来阻止它们，一些化学物质对蚂蚁来说臭得要命，但对人类来说却闻起来很舒服。罗勒、辣椒、葡萄柚、咖啡、薰衣草、橙子、薄荷、迷迭香、鼠尾草、茶树、百里香、番茄、杜松、肉桂或柠檬等草药和精油都是不错的选择。在蚂蚁的路径上放置、喷洒或涂抹上一点这些东西，运气好的话，它们就会对在你的家中觅食失去兴趣。

如果你的花园里有蚂蚁，那你就走运了！对于需要捕食害虫和土壤改良的生物来说，蚂蚁是免费的美味零食。在无聊的时候，观察蚂蚁也是一种极好的消遣方式。只要拿一个放大镜，你就可以观察这些小邻居的生活。读到这里，你现在已经非常熟悉蚂蚁了。谁知道呢，也许你会是当地第一个在蚂蚁中发现疯狂行为的人，这正是我们接下来会讲到的。

第十三章

疯狂的小动物

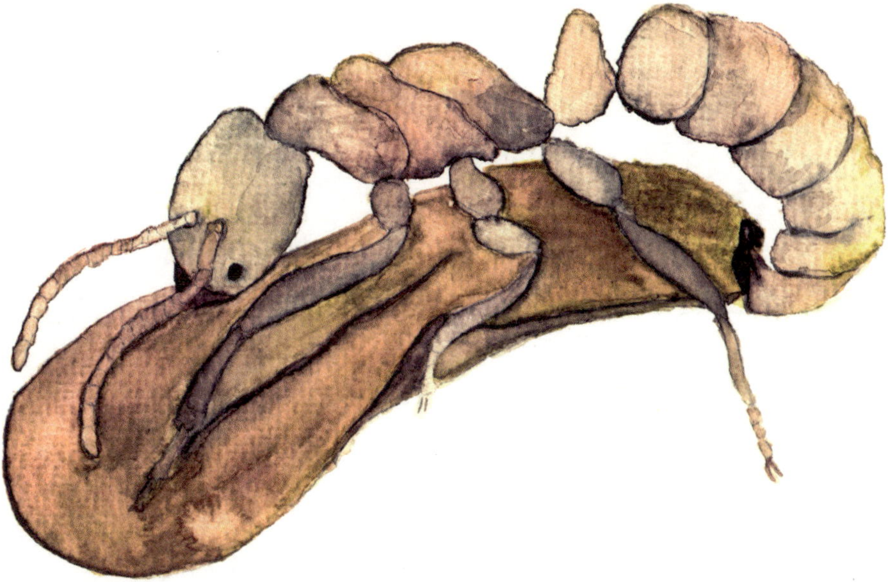

一只姬猛蚁（*Hypoponera*）的雄蚁
与即将破茧的处女蚁后交配。

到目前为止，我已经告诉了你们很多关于蚂蚁的事情：在蚁群中几乎没有发言权的蚁后；靠气味和偏振光导航的“侦察兵”；整个蚁群都住在中空的橡子里，或用树叶缝合而成的城堡里；饲养牲畜或被当作牲畜剥削的蚂蚁；超级蚁群，它们垄断整个岛屿，征服数千千米宽的“帝国”；用抗生素治疗伤员的“护士”；还有更多。其中有些你可能已经知道了，有些可能对你来说是新的。但对蚂蚁来说，这些通常都是再自然不过的事情。

当然，还有更多有趣的事情。在极少数物种中观察到的习惯、特征和特质，是如此奇异、惊人，以至于我不得不分享给你。例如，很少有物种能像四斑臭蚁（*Dolichoderus quadripunctatus*）那样，让我们如此近距离地看到它独特的后腹部，它的后腹部有四个透明斑点，这是缺乏色素沉淀造成的，这些透明斑点让我们不需要手术刀就能看到它的肠道。这是多么奇妙啊！

不会行走的“钻孔机”

如果你想要统治世界，你就必须能够适应世界。这不仅适用于我们人类使用的技术，也适用于大自然对不同物种蚂蚁的自然适应性测

四斑臭蚁的后腹部由于缺乏色素沉淀而造成了四个透明斑点，通过透明斑点就能看到它的肠道。

试。大自然会根据环境需要，赋予蚂蚁更大或更小的身体、长或短的腿以及大或小的头，以适应从裸露的地面到树的顶部，乃至电子设备的外壳等各种各样的环境。不过，我有时会想，演化是否把一些蚂蚁带进了死胡同?

非洲的蜂足蚁属（*Melissotarsus*）的蚂蚁似乎并不完全属于这个世界。除了在婚飞期间短暂外出寻找交配伴侣或建立新蚁群的雌蚁和雄蚁，蜂足蚁更喜欢独来独往。它们用其极其强壮的上颚在活树上啃食出走廊，并在那里度过一生。它们是少数有这种能力的蚂蚁之一。大多数其他蚂蚁物种会发现这磨损了它们的上颚，导致无法建造隧道。它们必须等到木头干燥开裂或发霉腐烂，或者使用被甲虫及其幼虫啃噬出的隧道。对它们来说，木头就像洞穴之于早期人类：受欢迎的住所，你可以稍微修补一下，而且基本上它们是现成的，可以直接用。

蜂足蚁生来就是一台“钻孔机”。它们为了在木头里创造性地存在而进行演化。这不仅体现在它们的咀嚼器官上，也体现在它们的腿上。它们的腿又宽又平，像蜜蜂的腿。然而，更引人注目的是它们中间那对直立的腿的方向。在巢穴内，这使得它们可以沿着走廊的天花板爬行，并在啃出一条路时锚定自己，就像隧道掘进机在挖掘一口新的地铁竖井一样。如果它们不小心闯入了外面的世界，这个洞就会被一个用丝制成的塞子迅速堵住，这种塞子是由成年工蚁头上的特殊腺体产生的。这是蜂足蚁的另一个专长——其他蚂蚁只能在特定的蛹期产生丝，如果有的话。

这些蜂足蚁非常善于适应它们在木质家园中的秘密生活，一棵树的树皮下就能容纳大约150万只蜂足蚁。然而，它们特殊的生活方式是有代价的。如果一只蜂足蚁误入树皮、沙子或树叶平坦区域之外的世界，它将面临困境。由于腿的扭曲，它不能走出平时的走廊，甚至不能站起来。当它用更适合外面世界的四条腿站起来的时候，它失去了平衡，倒了下去。这使得蜂足蚁成为唯一一种不会爬行的蚂蚁。当然，你可能想知道这些蜂足蚁吃什么，因为它们不能出去觅食。蜂足蚁以介壳虫为食，这些介壳虫潜伏在它们的森林隧道系统中，从树上汲取汁液。蜂足蚁在它们自己的小世界里过着与世隔绝的生活，这与一些热衷于征服它们那方天地的蚂蚁形成了鲜明的对比。

不戴降落伞的“跳伞员”

许多科学家投身于昆虫学，完全是出于对昆虫世界的好奇和困惑。路易斯维尔大学（University of Louisville）的生态学家史蒂夫·雅诺维亚克（Steve Yanoviak）正在研究森林砍伐对蚊媒疾病传播的影响。他经常爬上最高的树的树冠，收集蚊子幼虫和饥饿的雌蚊子，然后用自己的血来免费诱捕它们。当然，这意味着他会时不时地进入住在树上的蚂蚁的领地，而这些蚂蚁对他的研究不以为然。

由于专注于蚊子，史蒂夫会把攻击他的蚂蚁拂到一边，导致它们从30多米高的树枝上掉下来。但是有一天，当他看到一群蚂蚁坠落时，他几乎不敢相信自己的眼睛。蚂蚁不是直线下落，而是呈曲线下落，最终落在几米以下的树干上。史蒂夫非常惊讶，以至于他忘记了蚊子，有目的地开始了几次蚂蚁的飞行测试。与你所期望的相反，蚂蚁并没有失控坠落；相反，它们显然能够引导自己的下落，直接转向刚刚掉下来的那棵树干上。就这样史蒂夫开拓了一个新的研究领域。

在进一步的研究中，他和其他科学家发现这些滑翔蚂蚁是我们在第十一章《“医生”的自我疗愈》中讨论的物种——黑衣龟蚁（*Cephalotes atratus*），在那里我们了解到线虫会把它们变成红浆果的样子。这些黑衣龟蚁不只是在被研究人员忽视时才会使用它们的滑翔技能，也会用它来逃离强大的捕食者，比如鸟类。它们故意地跌落。一开始，它们径直往下掉。显然，黑衣龟蚁在这一阶段会四处寻找目的地，它们很快就会定位到树干上，并调整姿势，腹部朝上，背部朝下，快速向前移动，以便控制下落方向。它们甚至可以在必要时实现

180度转弯。它们是如何设法减慢快速下落的速度，并在到达树干时紧紧抓住树皮，这仍然是一个谜。在任何情况下，着陆都以惊人的速度进行，但并不总是一开始就成功。有时，这些小“飞行员”会被弹开，必须在几米深的地方重新尝试。最终，它抓住了树干，毫不喘息地爬了回来。一只工蚁（涂上标记的油漆）平均不到十分钟就能找到回到起点的路。

并不是所有种类的蚂蚁都拥有这种滑翔能力，但这种技能的普及程度超出了研究人员曾经的认知。它们不需要特别符合空气动力学的身体类型，在龟蚁属（*Cephalotes*）里，无论是扁平的物种还是更加浑圆的物种中都展现了滑翔能力。这似乎更多地取决于它们的生活环境。栖息在树顶的蚂蚁表现出特殊的滑翔能力，这对它们有好处。当一只工蚁摔落在森林的地面上时，它通常难以生还。因为所有的树看起来都有点相似，而且它没有气味可以捕捉，也没有办法确定自己的方向，永远找不到回到巢穴的路。当这样的蚂蚁落在一年中大部分时间都被洪水淹没的森林地面上时，风险就更大了。跌落水中的蚂蚁很可能成为鱼的食物。所以，蚂蚁花时间去“考飞行员执照”是值得的。尽管它们没有翅膀。

高速咬合和惊人弹跳

让自己掉下去是一种相当简单的腾空方法，而具有陷阱上颚的大齿猛蚁（*Odontomachus*）的方法对身体的要求更高。大齿猛蚁有非常强壮的上颚，在身前大大张开。这不仅看起来可怕，它的上颚本身就像上膛的武器。大齿猛蚁头部强大的括约肌被绷紧，无法释放储存在里面的能量，因为上颚被锁住了。一旦上颚上的感觉毛发受到刺激，就会发出一个信号，使上颚像捕鼠器一样夹在一起。实际上，我需要纠正一下：它们夹在一起的速度比捕鼠器要快得多。鲍尔大齿猛蚁（*Odontomachus bauri*）的上颚咬合速度可达每秒64米，也就是每小时230千米，就像高速公路上的敞篷跑车一样快。它们的上颚可以在1.3微秒内夹在一起，相比之下，一颗子弹在这段时间内只能射出10厘米。它们释放出的力量是其自身所受重力的300倍，相当于一个人举起5头大象。

这不是一场令人印象深刻的“魔术”表演，但大齿猛蚁在表演这个“魔术”时还有其他的想法。它通常用它的上颚来捕捉猎物。大齿猛蚁独自狩猎，追逐灵活的猎物，比如弹尾虫。它们慢慢地爬向猎物，直到足够靠近才能抓住这些猎物。每次失败都意味着“猎人”必须从头开始，浪费宝贵的时间。然而，它们几乎从来没有失手过，经常能一举杀死猎物。很简单，没有一种生物能快到及时逃离危险地带。大齿猛蚁的咬合速度是动物世界中有记录的最快的物种之一。

有时，作为捕猎者的大齿猛蚁也会成为其他动物的猎物，所以它们也会用绷紧的上颚进行自卫。像蜘蛛这样的小攻击者经常被它们上颚的力量甩向后方，而像蚁学家这样的大攻击者则对突然向他们蜂拥而来的好斗的“飞行战士”感到惊讶。事实证明，这些强壮的上颚在将大齿猛蚁弹射到空中方面表现得也很出色。大齿猛蚁所要做的就是把它的上颚指向地面，然后咬下去。这些“小战斗机”平均飞行距离超过20厘米，有记录显示距离高达40厘米。然而，它们的飞行没有

大齿猛蚁外出觅食时通常会180度张开强壮的上颚，轻而易举地抓住猎物。

任何控制，导致多只大齿猛蚁同时在空中翻滚。尽管如此，它们仍有充足的时间来调整自己的飞行方向。

这个内置的“弹弓”有很多好处。事实上，不同种类的蚂蚁已经各自独立地发明了至少四种类似的解决方案。例如，长齿蚁属（*Myrmoteras*）的蚂蚁用它们的肌肉来产生如此大的张力，以至于它们头上的硬角质层轻微变形，从而充当额外的弹簧。这有点像奥运会跳高运动员利用弯曲的膝盖来增加弹力，越过横杠。这表明，当蚂蚁想做一件事时，它们能做得很好。

疯狂的雄蚁

我们都知道一些从小就在一起的夫妻。但你听说过孩子在母亲出生前就被怀上的吗？这是发生在蚂蚁世界的另一件奇事。

暗姬猛蚁（*Hypoponera opacior*）是一种分布在北美和南美的蚂蚁。我和我的工作小组在亚利桑那州观察到，暗姬猛蚁的繁殖行为颇为奇特。这些不起眼的生物通常在岩石下的土壤中筑巢。收集暗姬猛蚁意味着我们需要从早到晚翻动大量的岩石。几周的辛勤劳作后，我们的手上通通磨出了老茧。用结实的铁锹当杠杆很有用。几年前，由于科考站就在墨西哥边境附近，我们得以在墨西哥以实惠的价格买了一把这样的铁锹。在回来的路上，我们的"购物之旅"引起了美国边境官员的猜疑，他们花了很长时间寻找我们为什么在墨西哥买铁锹的答案（"收集蚂蚁！"），认为我们把他们当傻子。

不管有没有铁锹，一旦你移开了一块岩石，暴露出一个蚁群，你必须趴在地面上，用吸虫器把暗姬猛蚁吸走。要做到这一点，你必须仔细追踪暗姬猛蚁的隧道网络，这些隧道网络通常有几个巢室。我想在细致程度上，这和考古挖掘是很相似的。

这是你必须把握好时机的地方。飞行的雄蚁和蚁后通常在初夏成群结队地进行婚飞，这一现象当然很有趣，但并不新鲜。在夏末，当第二代繁殖蚁孵化出来时，情况就变得更加令人兴奋了。然而，这一次，它们没有翅膀，必须在自己的巢穴里繁殖。雄蚁比蚁后更早地爬出茧壳，本能地知道它们只能在很短的时间内进行繁殖。所以它们马上就开始工作，尽管它们的伴侣还没有孵化出来——通过末端的一个小开口让仍在茧里的蚁后受精。

在这个物种中，蚁后、雄蚁和不育工蚁的茧在外观和大小上非常相似。在它们的狂热繁衍中，雄蚁经常不能识别出蚁后的茧并进行交配，而是错误地试图让它们不育的姐妹或兄弟受精。在第一种情况下，什么都不会发生，因为工蚁没有卵巢或储精囊，因此无法繁殖。但对于仍住在茧里的雄蚁来说，这个过程可能是致命的。误入歧途的雄蚁似乎意识到了自己的错误，因为它们并没有真正地与其兄弟进行交配，但受感染的茧经常会死亡。这让人怀疑这不是一个错误，而是一种故意的自相残杀行为，试图尽快清除竞争对手。事实证明，我们观察到的这种行为大多发生在巢穴中只有一只活跃的雄蚁，周围没有其他雄蚁时。这种自相残杀的行为让雄蚁有更长的时间当主角，把精子散布给更多蚁后。这种兄弟般的“拥抱”最终会导致对手死亡，但其速度太慢，不足以阻止任何真正的竞争。很快，数不清的雄蚁就会从茧中爬出来。

这些冒失的雄蚁改变了它们的策略来应对竞争对手。现在的问题是与合适性别的茧进行交配。雄蚁会与茧中的蚁后交配，这个过程短则几分钟，长则两天。为了确保自身是唯一的交配者，筋疲力尽的“准爸爸”会坐在蚁后的茧外，以确保没有其他雄蚁在它之后再次交配。令人惊讶的是，在这个过程中，雄蚁之间没有任何攻击性的行为。似乎规则是，谁能到达那里，谁就能正大光明地赢得“新娘”。然而，当蚁后孵化出来时，麻烦出现了，因为它们不太喜欢与雄蚁交配。蚁后通常会穿过蚁穴，拖着冒犯它的雄蚁走，直到雄蚁死亡。

三周后，繁衍终于结束了。所有的新蚁后都已孵化出来并完成配对，那些皮肤柔软的雄蚁完成了任务，被工蚁杀死。蚁后继续生活，通常待在母亲的巢穴里。有时，它们会接收一些工蚁作为嫁妆，然后穿过巢穴中的隧道，前往建造新的巢穴。它们会飞的儿女将在明年7月左右飞上天空，确保这一物种不寻常的交配仪式能继续传播到更远的地方。

基因的叛乱

有些婚姻并不幸福。但我敢打赌，无论是人类世界还是动物王国，都不存在哪对夫妻的生活距离比金刻沃氏蚁（*Wasmannia auropunctata*）的蚁后和雄蚁更为遥远。

这种蚂蚁俗称“小火蚁”（Little fire ant），原产于南美洲，目前已经入侵并定居在北美、西非以及太平洋、印度洋和大西洋的无数岛屿上[①]，经常骚扰当地人。在加拉帕戈斯群岛上，它们的繁殖数量如此之多，以至于对巨型乌龟构成了真正的威胁。它们不仅杀死了幼龟，还感染了巨型乌龟的眼睛和肛门。但这与它们对陆龟的影响无关，也与它们螫针所能造成的异常疼痛无关。这与它们的家庭生活方式有关。

这可能是一个相当舒适的配置方式。每个巢穴中都有几个蚁后，它们是蚁群中唯一能够产卵和繁殖后代的蚂蚁。工作则由不育的工蚁

① 译者注：近年来，在我国广东地区也发现了这种入侵蚂蚁，目前正在防控中，这是对继我国南方地区被红火蚁入侵后又一次严重的入侵事件。

完成，它们是从受精卵中孵化出来的。而雄蚁在它们短暂的生命中除了将精子传给蚁后，没有什么别的事情要做。繁殖蚁在繁殖方面做得很好，但之后它们似乎试图耍诈。一开始看起来很正常的事情，仔细观察可能会发现很奇怪。

让我们从蚁后开始谈起。在其他物种中，蚁后是从受精卵中孵化出来的，这些蚁后在幼虫阶段得到的营养比普通工蚁更丰富。然而，小火蚁的蚁后会把雄蚁完全赶出巢穴。它们不是从含有父母遗传物质的受精卵中孵化出来的，而是源自只含有母亲遗传物质的未受精卵。它们是百分之百的克隆蚁后，根本没有父亲。你可能会说，有其母必有其女。正如本书中多次提到的，大自然就是要尽可能多地传递基因——你不会得到超过 100% 的基因。有了这个技巧，小火蚁的蚁后已经达到了基因自私的顶峰。如果它们能够思考诸如遗传之类的问题，它们会对自己感到非常满意。

也就是说，当涉及基因时，如果不是因为它们的“丈夫”，这些蚁后堪称狡猾的顾客。从我们目前讨论的内容来看，我们可以假设，通常情况下雄蚁是从未受精卵中孵化出来的，而不是受精卵。但是小火蚁做任何事情都是颠倒的：在这种物种中，雄蚁是从受精卵中孵化出来的。在这一过程中，雄蚁成为其父亲的完美复制品——不仅在外表上，而且在基因上，因为它母亲的基因在发育过程中不知何故丢失了。这是一场细胞层面的性别之战，父亲基因在卵中胜出，导致卵发育成雄蚁。母亲所能做的就是把父亲的基因打包成漂亮的、可存活的“小包裹”。

所以，从基因上讲，它们是没有父亲基因的女性，也是没有任何母亲基因的男性。这听起来可能有点奇怪，但从生物学的角度来看，这实际上是将这些繁殖动物归类为独立物种所需要的全部条件。现在连接这两者的是不育的工蚁，它们通常携带父母双方的基因。这是一件好事，因为这种基因的混合产生了变异，保证了它们更好地适应不同的生活条件和变化，以及更好地抵抗病原体。对于这些“孩子”来说，这些特性极为重要，因为它们基本上是蚁群的员工，承担所有的工作，必须在巢外的危险世界中生存下来。

然而，正当生物学家开始担心这些生物作为一个相关物种的未来生存时，来自蚁学家的积极消息传来了，他们追踪了小火蚁在原产地野外的活动。在原产地的野生种群中，蚁后和雄蚁确实进行了交配，而且它们相处得更好，还以寻常的方式混合了它们的基因。或许，该物种的遗传统一性仍有可能得以维持。由于这些“岛屿入侵者”自身的怪癖，它们可能会自行灭亡。这部“爱情剧”值得一看。

禁止进入

有些种类的蚂蚁，我只需要提到它们的名字，其他的你可能都能自己告诉我。一个例子是平截平头蚁（*Colobopsis truncata*），曾被称为平截弓背蚁（*Camponotus truncatus*），这一变化反映了蚂蚁分类是一个不断发展的研究领域，它的俗称是木塞蚁。

如果你脑海中浮现的是一只头部有软木塞的蚂蚁，那么你的想法是正确的。这只蚂蚁就像它的名字一样。在德国南部，运气好的话，你会看到一只这样的蚂蚁在树枝上奔跑。它们喜欢炎热的环境，喜欢在地中海地区安家。尽管对德国人民来说，平截平头蚁是不受欢迎的访客，它们却与流行的地中海植物一起穿过阿尔卑斯山，成功地在一些地区定居下来，并未引起当地人民的太大反感。我们经常在德国美因茨附近莱茵河平原的温暖橡树林中发现它们。这是德国唯一一种拥有真正兵蚁的蚂蚁，其中，只有兵蚁和蚁后可以通过它们的塞子形状的头部来区分。而在美国东南部地区，也有一种外观相似的截胸平头蚁（*Colobopsis impressa*），你也可以去那里的橡树林看看。

这些只有几百只个体的小蚁群生活在枯枝或树皮下形成的隧道系统中。蚁群通常分为几个巢穴，每个巢穴只有两三个狭窄的入口。为了防止不速之客闯进来，总有一只看门蚂蚁值勤——较大的洞口会有两三只——它们只需把“定制”的头堵在入口。其触角是横向的，向前指，因此触角的尖端略微可见。当工蚁觅食回来时，它们会用自己的触角反复触摸看门蚂蚁的头部，相当于输入密码。如果密码正确，看门蚂蚁就会为工蚁腾出入口让它们进去。这是一种非常优雅的保护巢穴的方式，尽管在我们看来，看门蚂蚁本身并不那么优雅。在没有意外的情况下，它们能活到第二天。这是其他物种的看门蚂蚁所无法企及的。

巴西的海耶福臭蚁（*Forelius pusillus*）最害怕的就是夜间对它们在沙地甘蔗种植园地下巢穴的袭击。所以每天晚上它们都会小心翼翼地封闭巢穴，不让过路者看到任何居住的痕迹。几只海耶福臭蚁用沙子一粒一粒地把洞口埋起来，最后像狗一样用后腿把更多的沙子踢覆其上。唯一的问题是，在这个过程中，海耶福臭蚁把自己关在了巢穴外。

平截平头蚁的兵蚁平截的头部像塞子，可以轻松地堵住巢穴的入口。

不过，这对它们来说似乎并不重要。相反，这一小撮海耶福臭蚁一旦完成了它们的任务，就会跑向远方，再也不回来。毕竟，一只死蚂蚁的存在可能会让攻击者怀疑该地区有更多的蚂蚁。而那些封住巢穴的海耶福臭蚁会四处游荡，面对它们注定的死亡。因为在夜晚的户外，无论是饥饿还是干渴，都会导致它们的死亡，几乎没有一只海耶福臭蚁能存活下来。生物学家将这种自我牺牲的行为视为一种主动防御策略，即使对这些无私的蚂蚁来说，这也是一种不寻常的行为。

但事情即将变得更加壮观。

自我引爆

对蚂蚁来说，牺牲自己拯救蚁群是一种本能的荣誉行为。它们中的一些工蚁以最壮烈的方式响应了约翰·肯尼迪（John Kennedy）的号召："不要问你的国家能为你做什么，而要问你能为你的国家做什么。"马来西亚的桑氏弓背蚁（*Camponotus saundersi*）会采取引爆自己的方式来拯救蚁群。

桑氏弓背蚁不会傻到为了无聊或好玩而把自己引爆。事实上，这是它们为生存而进行的绝望斗争的最后手段。从本质上讲，这与科幻电影中星际飞船船长在巡洋舰被俘时部署的自毁机制相当。桑氏弓背蚁的敌人可能是喜欢脆食物的鸟类或哺乳动物，但通常是企图侵占其领地的织叶蚁。

桑氏弓背蚁的自毁机制位于其上颚内的一个异常大的腺体中，这个腺体延伸了桑氏弓背蚁的身体长度，其中含有一种黏稠的有毒"鸡尾酒"。如果桑氏弓背蚁感到受到威胁且无法逃脱时，它就会用力绷紧肌肉，导致腹部像水球一样炸开，沿着四肢的关节撕裂，并破坏上颚的腺体，向四面八方喷射黏稠的毒液。体型较大的捕食者因这种毒液的难闻气味而失去食欲，从而在未来远离这个物种。而织叶蚁等体型较小的攻击者会发现自己被一种白色到黄绿色的黏性腐蚀性物质包裹着。在紧急情况下，桑氏弓背蚁会将对手一起带进坟墓。

当你试图用镊子收集它们时，这些桑氏弓背蚁特别容易爆炸。经过数小时艰苦、疲惫的工作，除了黏糊糊的镊子和脏兮兮的手，你可能收获甚微。有时候，最迷人的生物是最难捕捉的。

当受到威胁无法逃脱时，桑氏弓背蚁会引爆自己，向四面八方喷射黏稠的毒液包裹对手。

蚂蚁的群体智能

我们已经提到了科幻小说和科技。事实上，我们的高科技文明可能会从这些看似不太聪明的蚂蚁的智慧中汲取灵感，尤其是在系统协调和超级计算等方面。这听起来可能有点抽象，但蚂蚁已经在上亿年的进化过程中，通过试错解决了一些技术问题。

在目前，这很容易：你有一个研究特定问题的程序员，他会非常详细地知道涉及的约束条件。比如他必须教一辆自动叉车一次又一次地按照相同的顺序从货架上预先指定的位置收集零件。他会编写一个固定的程序，自动叉车会严格遵守指令。这个方法快速、令人满意且高效，只要任务不变。

然而，未来的技术面临着更大的挑战。提前了解应用领域的情况往往是不可行的，随时都可能出现变化。比如，无数的迷你机器人正逐渐取代大型的独立机器人。它们必须作为一个集体灵敏地工作，尽管每个迷你机器人的内存容量有限，仅能存储少量指令。这些都是研究迷你机器人的工程师们所面临的挑战，这些迷你机器人有一天可能会在宇宙飞船表面巡逻、修复微陨石造成的损伤、在地震带搜寻房屋残骸，甚至在人体血液中穿行，对抗病原体和癌细胞。

这些设想目前还只是幻想，但它们正逐渐成为现实，当代科学研究——蚂蚁力学、纳米技术和人工智能研究结合在一起，正在探索蚂蚁如何在脑如此简单的情况下执行如此惊人的壮举，并在理论模型中测试这些发现，以期有一天将转化为实际的机械蚂蚁。这些机械蚂蚁能够独立完成复杂的任务。

蚂蚁的智慧已被某些领域借鉴。例如，程序会自动测试数据在互联网上的接口节点之间传输的速度。数据是各种各样的“侦察兵”，从一个节点移动到另一个节点，测量数据传输的时间。如果线路繁忙，数据传输时间变长，程序将在概览表中提供更少的“信息素”。如果数据传输迅速，这段旅程将获得一个很好的“信息素分数”。实际的数据包，如电子邮件或网站，将被导向目的地，优先选择具有最强“费洛蒙痕迹”的路径。由于网络状况总是在变化，这些值会随着时间的推移而消失，就像真正的信息素一样，所以曾经糟糕的路径可以在以后证明自己，而表现良好的路径则需要持续证明其质量。一些电信公司使用这种方法来测试它们的网络——灵感源自蚂蚁，当熟悉的弯道经常被阻塞，新的弯道出现时，蚂蚁可以找到通往食物来源的最短路径。

所以，如果你认为你已经成功地把砖墙上的裂缝和缝隙填满了，但你花园里的蚂蚁还在不断地找到方法进入你的厨房，不要感到惊讶。这些小生物已经在使用未来的算法了。

最后的威胁：天气

尽管蚂蚁的技术很复杂，但我们应该意识到什么时候效仿它们，什么时候找到更好的解决方案，正如它们对大雨后洪水的反应所显示的那样。

洪水对绝大多数生物来说都是灾难，包括蚂蚁。这种情况并不罕见。在我们看来，少量水可能只是涓涓细流。但对它们而言，却等同于它们的地下巢穴遭遇了一场山洪，山洪淹没了走廊和巢室，经常导致巢穴塌陷。在最坏的情况下，甚至整个蚁群都会被淹死。所以，如果未能在一个防雨的地方筑巢，蚂蚁会尝试一些方法来保护它们免受洪水的侵袭。

水坝就是其中之一，这个方法太容易想到了。不仅仅是我们人类用土墙把大量的水挡在我们的家园之外，远在南美的蚂蚁也这样做。然而，在干旱的月份，人类放牧的牲畜会破坏蚂蚁的辛勤劳动，所以蚂蚁直到夏季雨季开始才开始筑堤。几天之内，水坝一圈一圈地露出来，可高达3至4厘米或更高，在这些圈的中间是巢穴的干燥入口。

其他蚂蚁从巢穴出口延伸通道，建造出类似于潜艇炮塔的结构，在水坑表面高耸。它们使用任何能找到的建筑材料：泥土、泥浆、沙子和植物残骸。如果太阳在阵雨之间出来，水坝会干燥固化，在下一次降

不是只有我们才能想出防止洪水倒灌家园的主意，在南美洲，有几种蚂蚁用这种方法保护它们的巢穴。

雨之前形成真正坚固的防御。

相比之下，东南亚物种宾氏细长蚁（*Tetraponera binghami*）和角沟下沟蚁（*Cataulacus muticus*）采用的方法不太适合模仿。这两个物种都不在地面筑巢，而是在巨型竹子的空心茎中筑巢。虽然它们的巢穴具有防水特性，但在热带强降雨期间，雨水仍可以通过某些入口渗入，类似于雨水通过未关紧的厨房窗户进入室内。唯一能做的就是马上封堵入口，工蚁用脑袋堵住入口，希望能阻止雨水。这个方法有时候有效，有时候无效。

如果水滑过蚂蚁的小身体，巢穴被淹没了，那么就该采取 B 计划了：排出水。由于蚂蚁没有桶或泵，它们使用唯一的工具就是它们自己的身体。它们开始喝水，直到灌满自己的肚子。这两个物种都发展出了自己独特的排水方法。宾氏细长蚁爬到巢穴的入口，就像一根活的软管，趴在边缘，把水吐出来。然而，角沟下沟蚁似乎吞下了水，然后在巢外集体排泄。当你向它们的竹茎中喷一点彩色的水时，观察这两个物种的反应尤其美妙——你会看到蚂蚁陆续出现，把彩色的水吐出来或排泄出来。每个工蚁能设法排出大约0.6微升的水。在热带，平均每滴雨水需要50多只角沟下沟蚁才能排出。难怪巢穴要三天左右才能干。

一段旅程的结束

不是所有的蚂蚁都生而平等。

我再次登上了飞机。在经历了几天疲惫但富有启发性的蚂蚁调研之后，是时候回家了。当飞机沿着跑道滑行时，发现我已经在思考如何对同事和我的观察结果进行分类和评估。这一次，我们只是在雨林中进行了实地考察。与之前的探险不同，这次我们没有带回任何蚂蚁。这让事情简化了不少。

回想起上一次研究之旅回来的航班时，我笑了，我们在那次旅行中努力收集了大量的蚂蚁。还记得我们用来捕捉蚂蚁的抽吸器吗？它们本质上就是玻璃容器加上两根橡胶管。洛杉矶海关认为我们的行李看起来像非法毒品的雾化器，因此我们被礼貌而坚定地邀请到安检处接受进一步询问。显然，我们的答案并不是特别令人信服。美国安全官员们认为这一切都是一个荒谬的借口：吸蚂蚁，取出它们的脑，然后分析它们的活性基因？你会相信我们的，对吧？但是，他们可不相信我们。如果不是我的一位同事突然想起他裤兜里还有一小塑料瓶酒精蚂蚁标本，我们可能就赶不上飞机了。他迅速拿出标本，举给安全官员们看。他们仔细看了看，谢天谢地，终于相信了我们的诚意，我们得以及时赶到登机口。

我们通常不会把标本装在裤兜里。但携带它们不需要像随身携带一头犀牛那样付出巨大的努力。然而，在运送活蚂蚁时，我们必须考虑到这些新宠物的需求。住宿相对简单：蚂蚁可以在一个标准的可重复密封的冷冻袋中旅行，里面放一些落叶和一些潮湿的棉球。它们有饼干和一点火腿作为旅途的食品。在运输过程中，高温对蚂蚁构成了最大的威胁，所以我们把冷冻袋堆在冷却袋里，有时还配有冰块。我们甚至不会把它们留在车里，尤其是在亚利桑那州这样的高温地区。无论我们去哪里——超市、拜访朋友或同事的实验室——我们都带着它们。当然，飞机上除外。这就是为什么我们订夏天晚上起飞的航班，尽可能不在中途停留，这样货舱里装着蚂蚁的飞机就不会在阳光充足的情况下等待几个小时。多亏了这些预防措施，迄今为止，几乎所有的蚂蚁都安全地穿越了大西洋。我们装满蚂蚁的行李从未丢失过。尽管如此，我们确实有过一次危机。

这一次，我们聚集在亚利桑那州一个拥有数千个蚁群的地方，进行一个由我的一位博士生实施的大项目。我们五个人花了三个星期的时间穿过沙漠，敲开无数的岩石，吸走一个又一个蚁群。海关顺利放行，飞机准点到达，我们满怀期待地来到行李传送带前，筋疲力尽但很满足，准备迎接我们的猎物。一个接一个的行李箱沿着传送带滑动，直到找到它的主人，为更多的行李腾出空间。到现在为止，我们已经拿到了大部分的行李，就差装着蚂蚁的袋子了。货物慢慢地滑出被取走，传送带逐渐清理干净，但仍然没有蚂蚁袋子的踪影。我们早先的信心变成了紧张，然后是越来越多的恐慌。这怎么可能——在所有的努力和压力之后，我们的冷冻袋是整架飞机上唯一丢失的行李？不可能是真的，对吧？但随后传送带停止了移动。那里空空如也。我们的冷冻袋也从来没出现过。

在此，我必须为航空公司友好的地勤人员和他们的电脑系统欢呼三声。面对一小群绝望的蚁学家，服务台的女士向我们保证，装着蚂蚁的冷冻袋肯定已经到达法兰克福，会在机场大楼的某个地方等着我们。问题是在哪里？是时候利用多年的训练来仔细而持久地追踪了。我们最终在行李到达大厅的角落里找到了丢失的冷冻袋。也许是同行的乘客误领了它，仔细看了一下，对他们曾装满的袜子和衬衫的行李箱感到了困惑。不管怎样，我们的蚂蚁回来了。我的博士生一把抓起他的研究对象，带着它们跑了。他似乎打算一路跑到美因茨，确保在抵达之前不会再次丢失。

安全带指示灯已关闭。我小心翼翼地把椅背往后仰。再过几个小时我们就回到德国了。明天，我们将开始评估我们的观察结果。还有一项任务等待着我：在我的合著者的帮助下，我计划出版一本书，告诉人们关于蚂蚁的一切，以及为什么它们是地球上最迷人、最令人印象深刻的小生物——至少对我这样的蚁学家来说是这样的。

现在，我希望你也能同样为之着迷。

参考文献

因参考文献过多，我们对文献按章节和特定的研究主题进行了归类并附上小标题，出发点是为准备深入研究蚂蚁行为科学的读者提供便捷的参考。

引言 虽小但强

关于蚂蚁的更多读物

Bourke, A. F. G. & Franks, N. R. (1995). *Social Evolution in Ants*. Princeton University Press.

Fisher, B. L. & Cover, S. P. (2007). *Ants of North America: A Guide to the Genera*. University of California Press.

Gordon, D. (2010). *Ants at Work: How an Insect Society Is Organized*. Free Press.

Hölldobler, B. & Wilson, E. O. (1990). *The Ants*. Belknap Press.

.(1994). *Journey to the Ants: A Story of Scientific Exploration*.Belknap Press.

.(2008). *The Superorganism: The Beauty, Elegance, and Strangeness of Insect Societies*. W. W. Norton & Company.

Keller, L. & Gordon, E. (2009). *The Lives of Ants*. Oxford University Press. Moffett, M. W. (2011). *Adventures Among Ants*. University of California Press.

Seifert, B. (2018). *The Ants of Central and North Europe*. Lutra.

全世界大约有一千万亿只蚂蚁

Fittkau, E. J. & Klinge, H. (1973). On biomass and trophic structure of the central Amazonian rain forest ecosystem. *Biotropica*, *5,* 2-14.

Rice, E. S. et al. (2017). *Dr. Eleanors Book of Common Ants*. University of Chicago Press.

Wilson, E. O. & Hölldobler, B. (2005). The rise of the ants: A phylogenetic and ecological explanation. *Proceedings of the National Academy of Sciences USA*, *102,* 7411-7414.

蚂蚁已经存在了至少1亿年

Barden, P. & Grimaldi, D. A. (2016). Adaptive radiation in socially advanced stem-group ants from the Cretaceous. *Current Biology*, *26,* 515-521.

Rabeling, C. et al. (2008). Newly discovered sister lineage sheds light on early ant evolution. *Proceedings of the National Academy of Sciences USA*, *105,* 14913-14917.

没有人类，地球照样可以运转

Holmes, B. (2006). Earth without humans. *New Scientist*, *192,* 36-41.

Weisman, A. (2007). *The World Without Us*. Thomas Dunne Books.

蚂蚁对生态系统很重要

Del Toro, I. et al. (2012). The little things that run the world revisited: a review of ant-mediated ecosystem services and disservices (Hymenoptera: Formicidae). *Myrmecological News*, *17,* 133-146.

Lach, L. et al. (Eds.) (2010). *Ant Ecology*. Oxford University Press.

Parr, C. L. et al. (2016). Suppression of savanna ants alters invertebrate composition and influences key ecosystem processes. *Ecology, 97,* 1611-1617.

Philpott, S. M. & Armbrecht, I. (2006). Biodiversity in tropical agroforests and the ecological role of ants and ant diversity in predatory function. *Ecological entomology, 31(4),* 369-377.

Way, M. J., & Khoo, K. C. (1992). Role of ants in pest management. *Annual Review of Entomology*, *37,* 479-503.

第一章 带我去见你们的首领

世界上有超过16 000种蚂蚁，其中还有许多尚未被记录

Larsen, B. B. et al. (2017). Inordinate fondness multiplied and redistributed: The number of species on earth and the new pie of life. *Quarterly Review of Biology*, *92,* 229-265.

Lau, M. K. et al. (2019). Draft *Aphaenogaster* genomes expand our view of ant genome size variation across climate gradients. *PeerJ*, *7,* e6447.

Mora, C. et al. (2011). How many species are there on earth and in the ocean? *PLoS Biology, 9,* el001127.

Wilson, E. O. (2007). *The Insect Societies*. Belknap Press.

蚁群由不同的品级组成

Rajakumar, R. et al. (2018). Social regulation of a rudimentary organ generates complex worker-caste systems in ants. *Nature*, *562,* 574-577.

Weitekamp, C. A. et al. (2017). Genetics and evolution of social behavior in insects. *Annual Review of Gentics, 51,* 219-239.

Wheeler, D. E. (1991). The developmental basis of worker caste polymorphism in ants. *American Naturalist, 138,* 1218-1238.

Wilson, E. O. (1978). *Caste and Ecology in Social Insects.* Princeton University Press.

有许多方法可以确定动物的性别

Bachtrog, D. et al. (2014). Sex determination: Why so many ways of doing it? *PLoS Biology, 12.* el001899.

Beukeboon, L. W. & Perrin, N. (2014). *The Evolution of Sex Determination*. Oxford University Press.

Shapiro, D. Y. (1990). Sex-changing fish as a manipulable system for the study of the determination, differentiation, and stability of sex in vertebrates. *Journal of Experimental Zoology, 256,* 132-136.

Viets, B. E. et al. (1994). Sex-determining mechanisms in squamate reptiles. *Journal of Experimental Zoology, 270,* 45-56.

Weeks, A. R. et al. (2001). A mite species that consists entirely of haploid females. *Science, 292,* 2479-2482.

雌蚁由受精卵孵化而来，雄蚁由未受精卵孵化而来

Kureck, I. et al. (2013). Similar performance of diploid and haploid males in an ant species without inbreeding avoidance. *Ethology, 119,* 360-367.

Miyakawa, M. O. et al. (2018). The doublesex gene integrates multilocus complementary sex determination signals in the Japanese ant, *Vollenhovia emeryi. Insect Biochemistry and Molecular Biolog, 94,* 42-49.

Queller, D. C. (2003). Theory of genomic imprinting conflict in social insects. *BMC Evolutionary Biology, 3,* 15.

Trivers, R. L. & Hare, H. (1976). Haploidiploidy and the evolution of the ocial insect. *Science, 191,* 249-263.

蚁后将精子储存在储精囊中

Baer, B. et al. (2006). Sperm storage induces an immunity cost in ants. *Nature*, *44,* 872-875.

Chérasse, S. & Aron, S. (2018). Impact of immune activation on stored sperm viability in ant queens. *Proceedings of the Royal Society B, 285,* 20182248.

den Boer, S. P. A. et al. (2009). Prudent sperm use by leaf-cutter ant queens. *Proceedings of the Royal Society B, 276,* 3945-3953.

Gotoh, A. et al. (2009). Evolution of specialized spermatheca morphology in ant queens: Insight from comparative developmental biology between ants and polistine wasps. *Arthropod Structure & Development, 38,* 521-525.

蚁后可以活到30岁

Keller, L. & Genoud, M. (1997). Extraordinary lifespans in ants: A test of evolutionary theories of ageing. *Nature*, *389,* 958-960.

Kramer, B. H. & Schaible, R. (2013). Colony size explains the lifespan differences between queens and workers in eusocial Hymenoptera. *Biological Journal of the Linnean Society, 109,* 710-724.

Tschinkel, W. R. (2017). Lifespan, age, size-specific mortality and dispersion of colonies of the Florida harvester ant, *Pogonomyrmex badius. Insectes Sociaux, 64,* 285-296.

蚂蚁从卵发育成幼虫，然后变成蛹或茧，最后成为成年蚂蚁

Schultner, E. et al. (2017). The role of brood in eusocial Hymenoptera. *Quarterly Review of Biology*, *92,* 39-78.

Verza, S. S. et al. (2017). Oviposition, life cycle, and longevity of the leafcutting *ant Acromyrmex rugosus rugosus. Insects*, *8,* 80.

年轻工蚁负责照料幼虫，年长工蚁在巢外从事风险较大的工作

Besher, S. N. & Fewell, J. H. (2001). Models of division of labor in social insects. *Annual Review of Entomology, 46,* 413-440.

Hölldobler, B. & Wilson, E. O. (1986). Ecology and behavior of the primitive cryptobiotic ant *Prionopelta amabilis. Insectes Sociaux, 33,* 45-58.

Kohlmeier, P. et al. (2018). *Vitellogenin-like* A-associated shifts in social cue responsiveness regulate behavioral task specialization in an ant. *PLoS Biology, 16*, e2005747.

Masuko, K. (1966). Temporal division of labor among workers in the ponerine ant, *Amblyopone silvestrii. Sociobiology, 28,* 131-151.

Robinson, G. E. (1992). Regulation of division of labor in insect societies. *Annual Review of Entomology, 37,* 637-665.

有些蚁后以幼虫分泌物为食

Børgesen, L. W. & Jensen, P. V. (1995). Influence of larvae and workers on egg production of queens of the pharaoh's ant, *Monomorium pharaonis* (L.). *Insectes Sociaux, 42,* 103-112.

Cassill, D. L. & Vinson, S. B. (2007). Effects of larval secretions on queen fecundity in the fire ant. *Annals of the Entomological Society of America, 100,* 327-333.

Eder, J. & Rembold, H. (Eds.) (1986). *Chemistry and Biology of Social Insects.* Peperny.

Warner, M. R. et al. (2016). Late-instar ant worker larvae play a prominent role in colony-level caste regulation. *Insectes Socianx, 63,* 575-583.

西氏点猛蚁（*Stigmatomma silvestrii*）的蚁后以幼虫的血淋巴为食

Masuko, K. (1986). Larval hemolymph feeding: A nondestructive parental cannibalism in the primitive ant *Amblyopone silvestrii. Behavioral Ecology and Sociobiology, 19,* 249-255.

.(2019). Larval hemolymph feeding and hemolymph taps in the ant *Proceratium itoi*

(Hymenoptera: Formicidae). *Myrmecological News. 29,* 21-34.
Saux, C. et al. (2004). Dracula ant phylogeny as inferred by nuclear 28S rDNA sequences and implications for ant systematics (Hymenoptera: Formicidae: Amblyoponinae). *Molecular Phylogenetics and Evolution, 33,* 457-468.

工蚁产下的卵被蚁后吃掉或喂给幼虫

Dijkstra, M. B. et al. (2005). Self-restraint and sterility in workers of *Acromyrmex* and leafcutter ants. *Insectes Sociaux, 52,* 67-76.
Khila, A. & Abouheif, E. (2008). Reproductive constraint is a developmental mechanism that maintains social harmony in advanced ant societies. *Proceedings of the National Academy of Sciences USA, 205,* 17884-17889.

多数种类的工蚁的寿命不到 1 年

Chapuisat, M. & Keller, L. (2002). Division of labour influences the rate of ageing in weaver ant workers. *Proceedings of the Royal Society B,* 269, 909-9013.
Giraldo, Y. M. et al. (2016). Lifespan behavioural and neural resilience in a social insect. *Proceedings of the Royal Society, 283*, 20152603.
Kohlmeier, P. et al. (2017). Intrinsic worker mortality depends on behavioural caste and the queens' presence in a social insect. *Science of Nature, 104,* 34.
Kramer, B. H. & Schaible, R. (2013). Colony size explains the lifespan differences between queens and workers in eusocial Hymenoptera. *Biological Journal of the Linnean Society, 109*, 710-772.

大多数物种的蚂蚁都有毒刺，只有蚁亚科和臭蚁亚科等少数物种没有

Blanchard, B. D. & Moreau, C. S. (2017). Defensive traits exhibit an evolutionary trade-off and drive diversification in ants. *Evolution, 71,* 315-328.
Kazuma, K. et al. (2017). Combined venom gland transcriptomic and venom peptidomic analysis of the predatory ant *Odontomachus monticola. Toxins, 9,* 23.

施密特叮咬疼痛指数表示被昆虫螫伤的程度

Evans, D. L. & Schmidt, J. O. (1990). *Insect Defenses: Adaptive Mechanisms and Strategies of Prey and Predators.* State University of New York Press.
Schmidt, J. O. et al. (1983). Hemolytic activities of stinging insect venoms. *Archives of Insect Biochemistry and Physiology, 1,* 155-160.

有些种类的蚂蚁由普通工蚁和兵蚁组成

Holley, J. A. C. et al. (2016). Subcaste-specific evolution of head size in the ant genus *Pheidole. Biological Journal of the Linnean Society, 118,* 472-485.
Simola, D. F. et al. (2016). Epigenetic (re)programming of caste-specific behavior in the ant *Camponotus floridanus. Science, 351,* aac6633.
Wheeler, D. E. (1991). The developmental basis of worker caste polymorphism in ants. *American Naturalist, 138 (5),* 1218-1238.
Wheeler, D. E. & Nijhout, H. F. (1981). Soldier determination in ants: New role for juvenile hormone. *Science, 213,* 361-363.

第二章　一个蚁群的诞生

幼虫期的进食决定了哪些幼虫会成为蚁后

Bono, J. M. & Herbers, J. M. (2003). Proximate and ultimate control of sex ratios in *Myrmica*

brevispinosa colonies. *Biological Sciences, 270,* 811-817.
Buschinger, A. (1990). Regulation of worker and queen formation in ants with special reference to reproduction and colony development. In Engels, W. (Ed.). *Social Insects: An Evolutionary Approach to Castes and Reproduction.* Springer, 37-57.
Schwander, T. et al. (2010). Nature versus nurture in social insect caste differentiation. *Trends in Ecology & Evolution, 25,* 275-282.
Wheeler, D. E. (1986). Developmental and physiological determinants of caste in social Hymenoptera—evolutionary implications. *American Naturalist, 128*, 13-34.

雄蚁和处女蚁后在飞行中交配

Hakala, S. M. et al. (2019). Evolution of dispersal in ants (Hymenoptera: Formicidae): A review on the dispersal strategies of sessile superorganisms. *Myrmecological News, 29,* 35-55.
Hart, A. G. et al. (2018). The spatial distribution and environmental triggers of ant mating flights: Using citizen-science data to reveal national patterns. *Ecography, 41,* 877-888.
Helms, J. A. (2016). The flight ecology of ants (Hymenoptera: Formicidae). *Myrmecological News, 26,* 19-30.

蚁后只在飞行途中交配，通常只有一次

Baer, B. (2016). Proximate and ultimate consequences of polyandry in ants (Hymenoptera: Formicidae). *Myrmecological News, 22,* 1-9.
Boomsma, J. J. (2009). Lifetime monogamy and the evolution of eusociality. *Philosophical Transactions of the Royal Society of London Series* B, 364, 3191-3207.
Boomsma, Jacobus J. & Ratnieks, F. L. W. (1996). Paternity in eusocial Hymenoptera. *Philosophical Transactions of the Royal Society B, 351,* 947-975.

雄蚁从不工作：它们只是为了性，也就是基因的转移

Boomsma, J. J. et al. (2005). The evolution of male traits in social insects. *Annual Review of Entomology, 50,* 395-420.
Heinze, J. (2016). The male has done his work—the male may go. *Current Opinion in Insect Science, 16,* 22-27.

心结蚁属（*Cardiocondyla*）雄蚁会留在巢中多次交配

Anderson, C. et al. (2003). Live and let die: Why fighter males of the ant Cardiocondyla kill each other, but tolerate their winged rivals. *Behavioral Ecology, 14,* 54-62.
Frohschammer, S. & Heinze, J. (2009). Male fighting and "territoriality" within colonies of the ant *Cardiocondyla venustula. Naturwissenschaften, 96,* 159-163.
Heinze, J. & Hölldobler, B. (1993). Fighting for a harem of queens: Physiology of reproduction in Cardiocondyla male ants. *Proceedings of the National Academy of Sciences USA, 90,* 8412-8414.

交配后，一夫一妻制蚁种的蚁后独立地建立一个蚁群

Cahan, S. et al. (1998). An abrupt transition in colony founding behaviour in the ant *Messor pergandei. Animal Behavior, 55,* 1583-94.
Jeanson, R. & Fewell, J. H. (2008). Influence of the social context on division of labor in ant foundress associations. *Behavioral Ecology, 19,* 567-574.
Johnson, R. A. (2006). Capital and income breeding and the evolution of colony founding strategies in ants. *Insectes Sociaux, 53,* 316-322.
Tsuji, K. & Tsuji, N. (1996). Evolution of life history strategies in ants: Variation in queen number and mode of colony founding. *Oikos, 76,* 83-92.

在一夫多妻制的蚁群中，交配后的蚁后回到自己的巢中

Boulay, R. et al. (2004). The ecological benefits of larger colony size may promote polygyny in ants. *Journal of Evolutionary Biology, 27,* 2856-2863. Gill, R. J. & Arce, A. (2009). Polymorphic social organization in an ant. *Proceedings of the Royal Society B, 276,* 4423-4431.

一些年轻的蚁后强行进入其他物种的蚁群并接管它们

Buschinger, A. (2009). Social parasitism among ants: A review (Hymenoptera: Formicidae). *Myrmecological News, 12,* 219-235.

Chernenko, A. et al. (2013). Colony take-over and brood survival in temporary social parasites of the ant genus Formica. *Behavioral Ecology and Sociobiology, 67,* 727-735.

D'Ettorre, P. et al. (2002). Blending in with the crowd: Social parasites integrate into their host colonies using a flexible chemical signature. *Proceedings of the Royal Society B, 269,* 1911-1918.

第三章　有效的自组织状态

工蚁决定迁徙的时间和地点

Burns, D. D. R. et al. (2016). The effect of social information on the collective choices of ant colonies. *Behavioral Ecology, 27,* 1033-1040.

Franks, N. R. et al. (2009). Speed versus accuracy in decision-making ants: Expediting politics and policy implementation. *Proceedings of the Royal Society B, 364,* 845-852.

McGlynn, T. P. (2012). The ecology of nest movement in social insects. *Annual Review of Entomology, 57,* 291-308.

Pratt, S. C. et al. (1992). Quorum sensing, recruitment, and collective decision-making during colony emigration by the ant Leptothorax albipennis. *Behavioral Ecology and Sociobiology, 52,* 117-127.

蚁后的大脑在筑巢后开始萎缩

Gronenberg, W. & Liebig, J. (1999). Smaller brains and optic lobes in reproductive workers of the ant Harpegnathos. *Naturwissenschaften, 86,* 343-345.

Julian, G. E. & Gronenberg, W. (2002). Reduction of brain volume correlates with behavioral changes in queen ants. *Brain Behavior and Evolution, 60,* 152-164.

基因的活动和经历决定了蚂蚁的性格和行为

Gospocic, J. et al. (2017). The neuropeptide corazonin controls social behavior and caste identity in ants. *Cell, 170,* 748.

Jandt, J. M. et al. (2014). Behavioural syndromes and social insects: Personality at multiple levels. *Biological Reviews, 89,* 48-67.

Jongepier, E. & Foitzik, S. (2016). Fitness costs of worker specialisation for ant societies. *Proceedings of the Royal Society B, 283,* 20152572.

Kohlmeier, P. et al. (2019). Gene expression is more strongly associated with behavioural specialisation than with age or fertility in ant workers. *Molecular Ecology, 28,* 658-70.

Ravary, F. et al. (2007). Individual experience alone can generate lasting division of labor in ants. *Current Biology, 17,* 1308-1312.

工蚁与它们的姐妹关系比与蚁后关系更密切

Sundström, L. (1994). Sex ratio bias, relatedness asymmetry and queen mating frequency in ants. *Nature, 367,* 266-67.

蚁群会奖励无私的行为

Abbot, P. et al. (2011). Inclusive fitness theory and eusociality. *Nature, 472,* E1-E4.

Bourke, A. F. G. (2014). Hamilton's rule and the causes of social evolution. *Philosophical Transactions of the Royal Society B, 369,* 20130362.

Pernu, T. K. & Helantera, H. (2019). Genetic relatedness and its causal role in the evolution of insect societies. *Journal of Bioscience, 44,* 107.

Wilson, E. O. & Hölldobler, B. (2005). Eusociality: Origin and consequences. *Proceedings of the National Academy of Sciences USA, 102,* 13367-13371.

蚁群是通过姐妹或母女之间的合作发展起来的

Johnston, R. A., Cant, M. A. & Field, J. (2012). Sex-biased dispersal, haplodiploidy and the evolution of helping in social insects. *Proceedings of the Royal Society B, 279,* 787-793.

Linksvayer, T. A. & Wade, M. J. (2005). The evolutionary origin and elaboration of sociality in the aculeate Hymenoptera: Maternal effects, sib-social effects, and heterochrony. *Quarterly Review of Biology, 80,* 317-336.

第四章 交际感官

凹结新猛蚁（*Neoponera inversa*）的蚁后可以通过化学信息识别彼此

D'Ettorre, P. & Heinze, J. (2005). Individual recognition in ant queens. *Current Biology, 15,* 2170-2174.

蚂蚁更依赖它们的嗅觉而不是视觉

Gronenberg, W. (1999). Modality-specific segregation of input to ant mushroom bodies. *Brain Behavior and Evolution, 54,* 85-95.

Knaden, M. & Graham, P. (2014). The sensory ecology of ant navigation: From natural environments to neural mechanisms. *Annual Review of Entomology, 61,* 63-76.

蚂蚁用触角嗅味

Boroczky, K. et al. (2013). Insects groom their antennae to enhance olfactory acuity. *Proceedings of the National Academy of Sciences USA, 110,* 3615-3620.

Draft, R. W. et al. (2018). Carpenter ants use diverse antennae sampling strategies to track odor trails. *Journal of Experimental Biology, 221,* jebl85124.

Guerrieri, F. J. & d'Ettorre, P. (2010). Associative learning in ants: Conditioning of the maxilla-labium extension response in *Camponotus aethiops*. *Journal of Insect Physiology, 56,* 88-92.

腺体如杜氏腺产生信号物质，允许复杂的化学交流

Jackson, B. D. & Morgan, E. D. (1993). Insect chemical communication: Pheromones and exocrine glands in ants. *Chemoecology, 4:* 125-144.

Jongepier, E. et al. (2015). The ecological success of a social parasite increases with manipulation of collective host behaviour. *Journal of Evolutionary Biology, 28,* 2152-2162.

Mitra A. (2013). Function of the Dufour's gland in solitary and social Hymenoptera. *Journal of Hymenopteran Research, 35,* 33-58.

每一群蚂蚁都有一种特定的巢穴气味，这要归功于它们角质层中的碳氢化合物

Krasnec, M. O. & Breed, M. D. (2013). Colony-specific cuticular hydrocarbon profile in Formica argentea ants. *Journal of Chemical Ecology, 39,* 59-66.

Sturgis, S. J. & Gordon, D. M. (2012). Nestmate recognition in ants (Hymenoptera: Formicidae): a review. *Myrmecological News, 16,* 101-110.

蚂蚁根据品级和工作性质的不同具有各自特定的气味

Greene, M. J. & Gordon, D.M. (2003). Cuticular hydrocarbons inform task decisions. *Nature, 423,* 32.

Kleeberg, I. et al. (2017). The influence of slavemaking lifestyle, caste and sex on chemical profiles in Temnothorax ants: Insights into the evolution of cuticular hydrocarbons. *Proceedings of the Royal Society B, 284,* 1850.

工蚁在食物来源处留下气味痕迹

Czaczkes, T. J. et al. (2015). Trail pheromones: An integrative view of their role in social insect colony organization. *Annual Review of Entomology, 60,* 581-599.

Wilson, E. O. (1962). Chemical communication among workers of the fire ant Solenopsis saevissima. Animal Behaviour, *10,* 134-164.

蚂蚁通过“串联跑”的方式，把伙伴带到新的潜在巢穴和食物来源

Alleman, A. et al. (2019). Tandem-running and scouting behavior is characterized by up-regulation of learning and memory formation genes within the ant brain. *Molecular Ecology, 28,* 2342-2359.

Franklin, E. L. (2014). The journey of tandem running: The twists, turns and what we have learned. *Insectes Sociaux, 61,* 1-8.

Franks, N. R. & Richardson, T. (2006). Teaching in tandem-running ants. *Nature, 439,* 153.

工蚁通过触摸彼此的触角来交换信息

Gill, K. P. et al. (2013). Density of antennal sensilla influences efficacy of communication in a social insect. *American Naturalist, 182,* 834-840.

Gordon, D. M. & Mehdiabadi, N. J. (1999). Encounter rate and task allocation in harvester ants. *Behavioral Ecology and Sociobiology, 45,* 370-377.

被埋在地下的切叶蚁利用振动来呼救

Markl, H. (1965). Stridulation in Leaf-Cutting Ants. *Science, 149,* 1392-1393.

Pielstrom, S. & Roces, F. (2012). Vibrational communication in the spatial organization of collective digging in the leaf-cutting ant *Atta vollenweideri. Animal Behaviour, 84,* 743-752.

第五章 精准导航

蚂蚁通过气味、温度和湿度来确定巢穴内的方位

Heyman, Y. et al. (2019). Ants use multiple spatial memories and chemical pointers to navigate their nest. *iScience, 14,* 264-276.

Roemer, D. et al. (2018). Carbon dioxide sensing in the social context: Leaf-cutting ants prefer elevated CO2 levels to tend their brood. *Journal of Insect Physiology, 108,* 40-47.

蚂蚁用气味导航

Gordon, D. M, (2019). Local regulation of trail networks of the arboreal Turtle Ant, *Cephalotes goniodontus. American Naturalist, 190,* E156-E169.

Steck, K. (2012). Just follow your nose: Homing by olfactory cues in ants. *Current Opinion in Neurobiology, 22,* 231-235.

Wilson, E. O. (1959). Source and possible nature of the odor trail of fire ants. *Science, 129,* 643-644.

齿跗矛猛蚁（*Pachycondyla tarsata*）可以通过视觉定位周围环境

Baader, A. P. (1996). The significance of visual landmarks for navigation of the tropical ant, Paraponera clavata. *Insectes Sociaux, 43,* 435-450.

Hölldobler, B. (1980). Canopy orientation: A new kind of orientation in ants. *Science, 210,* 86-88.

Oliveira, P. S. & Hölldobler, B. (1989). Orientation and communication in the Neotropical ant Odontomachus bauri Emery. *Ethology, 83,* 154-166.

太阳的位置决定了方向

Schwarz, S. et al. (2017). How ants use vision when homing backward. *Current Biology, 27,* 401-407.

即使在阴天，光的偏振方向也能显示出太阳的位置

Lehrer, M. (Ed.) (1997). *Orientation and Communication in Arthropods.* Birkhauser.

Wehner, R. (2003). Desert ant navigation: How miniature brains solve complex tasks. *Journal of Comparative Physiology A, 189,* 579-588.

Wehner, R. & Muller, M. (2006). The significance of direct sunlight and polarized skylight in the ants celestial system of navigation. *Proceedings of the National Academy of Sciences USA, 103,* 12575-12579.

Zeil, J. et al. (2014). *Polarisation vision in ants, bees and wasps.* Springer.

圆结箭蚁（*Cataglyphis nodus*）有一个内部导航系统，具有归航功能

Knaden, M. & Wehner, R. (2006). Ant navigation: Resetting the path integrator. *Journal of Experimental Biology, 209,* 26-31.

Wittlinger, M. et al. (2006). The ant odometer: Stepping on stilts and stumps. *Science, 312,* 1965-1967.

蚂蚁通过光流记住要走的路

Pfeffer, S. E. & Wittlinger, M. (2016). Optic flow odometry operates independently of stride integration in carried ants. *Science, 353,* 1155-1157.

Ronacher, B. & Wehner, R. (1995). Desert ants Cataglyphis fortis use self-induced optic flow to measure distances travelled. *Journal of Comparative Physiology A, 177,* 21-27.

Seidl, T. et al. (2006). Desert ants: is active locomotion a prerequisite for path integration? *Journal of Comparative Physiology A, 192,* 1125-1131.

Zollikofer, C. et al. (1995). Optical scaling in conspecific Cataglyphis ant. *Journal of Experimental Biology, 198,* 1637-1646.

有些蚂蚁有“天文罗盘”

Banks, A. N. & Srygley, R. B. (2003). Orientation by magnetic field in leaf-cutter ants, *Atta colombica* (Hymenoptera: Formicidae). *Ethology, 109,* 835-846.

Fleischmann, P. N. (2018). The geomagnetic field is a compass cue in *Cataglyphis* ant navigation. *Current Biology, 28,* 1440-1444.

第六章　野蛮的游牧部落

行军蚁成群狩猎

Chadab, R. & Rettenmeyer, C. W. (1975). Mass recruitment by army ants. *Science, 188,* 1124-25.

Couzin, I. D. & Franks, N. R. (2003). Self-organized lane formation and optimized traffic flow in army ants. *Proceedings of the Royal Society B, 270,* 139-146.

Peters, M. K. et al. (2013). Spatial variation in army ant swarm raiding and its potential effect on biodiversity. *Biotropica, 45,* 54-62.

行军蚁营地是用工蚁的身体建造的

Baudier, K. M. et al. (2019). Plastic collective endothermy in a complex animal society (army ant bivouacs: Eciton burchellii parvispinum). *Ecography, 42,* 730-739.

Berghoff, S. M. et al. (2002). Nesting habits and colony composition of the hypogaeic army ant *Dorylus (Dichthadia) laevigatus* Fr. Smith. *Insectes Sociaux, 49,* 380-387.

Franks, N. R. (1989). Thermoregulation in army ant bivouacs. *Physiological Entomology, 14,* 397-404.

Jackson, W. B. (1957). Microclimatic patterns in the army ant bivouac. *Ecology,* 38, 276-285.

Schneirla, T. C. et al. (1954). The bivouac or temporary nest as an adaptive factor in certain terrestrial species of army ants. *Ecological Monographs, 24,* 269-296.

许多昆虫住在行军蚁的巢穴里

Rettenmeyer, C. W. et al. (2011). The largest animal association centered on one species: the army ant *Eciton burchellii* and its more than 300 associates. *Insectes Sociaux, 58,* 281-292.

von Beeren, C. et al. (2018). Chemical and behavioral integration of army ant-associated rove beetles—a comparison between specialists and generalists. *Frontiers in Zoology, 15,* 8.

Witte, V. et al. (2008). Symbiont microcosm in an ant society and the diversity of interspecific interactions. *Animal Behaviour, 76,* 1477-1486.

一旦发生洪水，行军蚁就会形成筏子漂浮在水面上

Mlot, N. J. et al. (2011). Fire ants self-assemble into waterproof rafts to survive floods. *Proceedings of the National Academy of Sciences USA, 108,* 7669-7673.

Purcell, J. et al. (2014). Ant brood function as life preservers during floods. *PLoS One, 9,* e89211.

Reid, C. R. et al. (2015). Army ants dynamically adjust living bridges in response to a cost-benefit trade-off. *Proceedings of the National Academy of Sciences USA, 112,* 15113-15118.

行军蚁在迁移和定居之间交替

Gamier, S., Kronauer, D. J. C. (2017). The adaptive significance of phasic colony cycles in army ants. *Journal of Theoretical Biology, 428,* 43-47.

O'Donnell, S. et al. (2009). Species and site differences in Neotropical army ant emigration behaviour. *Ecological Entomology, 34,* 476-482.

Willson, S. K. et al. (2001). Spatial movement optimization in Amazonian *Eciton burchellii* army ants. *Insectes Sociaux, 58,* 325-334.

行军蚁在巢内交配

Kronauer, D. J. C. (2009). Recent advances in army ant biology (Hymenoptera: Formicidae). *Myrmecological News, 12,* 51-56.

Kronauer, D. J. C. et al. (2006). A reassessment of the mating system characteristics of the army ant *Eciton burchellii. Naturwissenschaften, 93,* 402-406.

et al. (2007). The evolution of multiple mating in army ants. *Evolution, 61,* 413-422.

如果蚁群太大，就会分裂

Franks, N. R. & Hölldobler, B. (1987). Sexual competition during colony reproduction in army ants. *Biological Journal of the Linnean Society, 30,* 229-243.

Kronauer, D. J. C. et al. (2004). Extreme queen-mating frequency and colony fission in African army ants. *Molecular Ecology, 13,* 2381-2388..

原始人用咬人的蚂蚁缝合伤口

Boswell, G. P. et al. (2001). Arms races and the evolution of big fierce societies. *Proceedings of the Royal Society B, 268,* 1723-1730.

Davies, H. E. (2019). Leaf-cutter ants in wound closure. *Wilderness* & Schiappa, J. & Van Hee, R. (2016). From ants to staples: History and ideas concerning suturing techniques. *Acta Chirurgica Belgica, 112,* 395-402.

喀麦隆北部的莫夫人用行军蚁来对付白蚁

Seignobos, C. (2007). Jaglavak, prince of insects, www.pbs.org/wgbh/ nova/article/jaglavak-prince-of-insects.
et al. (1996). Les Mofus et leur insectes. *Journal d'agriculture traditionnelle et de botanique appliquée, 38,* 125-187.

第七章 百万居民的城市花园

年轻的切叶蚁蚁后从母巢中取出真菌组织作为"嫁妆"

Green, A. M. (2002). Extensive exchange of fungal cultivars between sympatric species of fungus-growing ants. *Molecular Ecology, 11,* 191-195.

Marti, H. E. et al. (2015). Foundress queen mortality and early colony growth of the leafcutter ant, *Atta texana* (Formicidae, Hymenoptera). *Insectes Sociaux, 62,* 357-363.

Meirelles, L. A. et al. (2016). Bacterial microbiomes from vertically transmitted fungal inocula of the leaf-cutting ant *texana. Environmental Microbiology Reports, 8,* 630-640.

切叶蚁群拥有不同大小、执行不同任务的工蚁

Burd, M. (2000). Body size effects on locomotion and load carriage in the highly polymorphic leaf-cutting ants *Atta colombica and Atta cephalotes. Behavioral Ecology, 11,* 125-131.

Constant, N. et al. (2012). The effects of genotype, caste, and age on foraging performance in leaf-cutting ants. *Behabioral Ecology, 23,* 1284-1288.

Hughes, W. O. H. et al. (2003). Worker caste polymorphism has a genetic basis in Acromyrmex leaf-cutting ants. *Proceedings of the National Academy of Sciences USA, 100,* 9394-9397.

Wills, B. D. et al. (2018). Correlates and consequences of worker polymorphism in ants. *Annual Review of Entomology,* 63, 575-598.

水泥填充的切叶蚁巢穴显示了它们的大小和结构

Jonkman, J. C. M. (1980). The external and internal structure and growth of nests of the leaf-cutting ant *Atta vollenweideri* Forel, 1893 (Hym.: Formicidae). *Journal of Applied Entomology, 89,* 158-173.

Moreira, A. A. et al. (2004). External and internal structure of *Atta bisphaerica* Forel (Hymenoptera: Formicidae) nests. *Journal of Applied Entomology, 128,* 204-211.

切叶蚁种植真菌

Bass, M. & Cherrett, J. M. (1995). Fungal hyphae as a source of nutrients for the leaf-cutting ant Atta sexdens. *Physiological Entomology, 20,* 1-6.

Hölldobler, B. & Wilson, E. O. (2010). *The Leafcutter Ants: Civilization by Instinct.* W. W. Norton & Company.

North, R. D. et al. (1997). Evolutionary aspects of ant-fungus interactions in leaf-cutting ants. *Trends in Ecology & Evolution, 12,* 386-389.

Poulsen, M. & Boomsma J. J. (2005). Mutualistic fungi control crop diversity in fungus-growing ants. *Science, 307,* 741-744.

切叶蚁使用抗生素来保护它们赖以生存的真菌

Currie, C. R. et al. (2003). Ancient tripartite coevolution in the attine ant-microbe symbiosis. *Science, 299,* 386-388.

Haeder, S. et al. (2009). Candicidin-producing *Streptomyces* support leaf-cutting ants to protect their fungus garden against the pathogenic fungus *Escovopsis. Proceedings of the National Academy of Sciences USA, 106,* 4742-4746.

Santos, A. V. et al. (2004). Occurrence of the antibiotic producing bacterium *Burkholderia* sp. in colonies of the leaf-cutting ant *Atta sexdens rubropilosa. FEMS Microbiology Letters, 239,* 319-323.

切叶蚁对农业种植园造成巨大破坏

Blanton, C. M. & Ewel, J. J. (1985). Leaf-cutting ant herbivory in successional and agricultural tropical ecosystems. *Ecology, 66,* 861-869.

Costa, A. N. et al. (2018). Do an ecosystem engineer and environmental gradient act independently or in concert to shape juvenile plant communities? Tests with the leaf-cutter ant *Atta laevigata* in a Neotropical savanna. *PeerJ,* e5612.

Montoya-Lerma, J. et al. (2012). Leaf-cutting ants revisited: Towards rational management and control. *International Journal of Pest Management, 58,* 225-247.

蚂蚁成功地保护它们的植物免受切叶蚁的攻击

Adams, E. S. (1994). Territory defense by the ant Azteca trigona: Maintenance of an arboreal ant mosaic. *Oecologia, 97,* 202-208.

Schmidt, M. & Dejean, A. (2018). A Dolichoderine ant that constructs traps to ambush prey collectively: Convergent evolution with a Myrmicine Genus. *Biological Journal of the Linnean Society, 124,* 41-46.

Wetterer, J. (1994). Attack by Paraponera clavata prevents herbivory by the leaf-cutting ant, *Atta cephalotes. Biotropica, 26,* 462-465.

斗蝇搭乘运输工蚁的便车

Elizalde, L. et al. (2018). Spatial and temporal variation in host-parasitoid interactions: Leafcutter ant hosts and their phorid parasitoids. *Ecological Entomology, 43,* 114-125.

Feener, D. H. & Brown, B. V. (1993). Oviposition behavior of an ant- parasitizing fly, *Neodohrniphora curvinervis* (Diptera: Phoridae), and defense behavior by its leaf-cutting ant host Atta cephalotes (Hymenoptera: Formicidae). *Journal of Insect Behavior, 6,* 675-688.

Orr, M. R. (1992). Parasitic flies (Diptera: Phoridae) influence foraging rhythms and caste division of labor in the leaf-cutter ant, *Atta cephalotes* (Hymenoptera: Formicidae). *Behavioral Ecology and Sociobiology, 30,* 395-402.

第八章 **帝国的树屋**

在猪笼草里偷吃猎物

Bonhomme, V. et al. (2011). The plant-ant *Camponotus schmitzi* helps its carnivorous host-plant *Nepenthes bicalcarata* to catch its prey. *Journal of Tropical Ecology, 27,* 15-24.

Thornham, D. G. et al. (2011). Setting the trap: cleaning behaviour of Camponotus schmitzi ants increases long-term capture efficiency of their pitcher plant host, *Nepenthes bicalcarata. Functional Ecology, 26,* 11-19.

克臭蚁属（*Azteca*）的蚂蚁保护蚁栖树免受附生植物的侵害

Janzen, D. H. (1969). Allelopathy by myrmecophytes: The ant azteca as an allelopathic agent of Cecropia. *Ecology, 50,* 147-153.

Marting, P. R. et al. (2018). Colony personality and plant health in the Azteca-Cecropia mutualism. *Behavioral Ecology, 29,* 264-271.

Mayer, V. E. et al. (2014). Current issues in the evolutionary ecology of ant-plant symbioses. *New Phytologist, 202,* 749-764.

金合欢树使锈色伪切叶蚁属（*Pseudomyrmex ferruginea*）依靠它的花蜜

Heil, M. et al. (2004). Main nutrient compounds in food bodies of Mexican Acacia ant-plants. *Chemoecology, 14,* 45-52.

.(2005). Postsecretory hydrolysis of nectar sucrose and specialization in ant/plant mutualism. *Science, 308,* 560-563.

.(2014). Partner manipulation stabilises a horizontally transmitted mutualism. *Ecology Letters, 17,* 185-192.

Pennisi, E. (2005). Sucrose-free sips suit acacia ants. *SCIENCE, 308,* 481-482.

舒曼微蚁（*Myrmelachista schumanni*）在丛林中创造了单一的植物园，被称为“魔鬼的花园”

Baez, S. et al. (2016). Ant mutualism increases long-term growth and survival of a common Amazonian tree. *American Naturalisty 188,* 567-575.

Frederickson, M. E. et al. (2005). “Devil's gardens” bedevilled by ants. *Nature, 437,* 495-496.

Frederickson, M. E. & Gordon, D. M. (2007). The devil to pay: a cost of mutualism with *Myrmelachista schumanni* ants in “devil's gardens” is increased herbivory on *Duroia hirsuta* trees. *Proceedings of the Royal Society B, 247,* 1117-1123.

Salas-Lopez, A. et al. (2016). The discovery of devil's gardens: an ant- plant mutualism in the cloud forests of the Eastern Amazon. *Journal of Tropical Ecology, 32,* 264-168.

股弓背蚁（*Camponotus femoratus*）建立了空中花园

Cereghino, R. et al. (2011). Ant-plant mutualisms promote functional diversity in phytotelm communities. *Functional Ecology, 25,* 954-963.

Orivel, J. & Dejean, A. (1999). Selection of epiphyte seeds by ant-garden ants. *Écoscience, 6,* 51-55.

Seidel, J. L. et al. (1990). Neotropical ant gardens. *Journal of Chemical Ecology, 16,* 1791-1816.

织叶蚁把叶子和丝编织在一起来筑巢

Bochynek, T. & Robson, S. K. A. (2014). Physical and biological determinants of collective behavioural dynamics in complex systems: Pulling chain formation in the nest-weaving ant *Oecophylla smaragdina. PLoS One, 9,* e95112.

Cole, A. C. et al. (1948). A study of the weaver ant, *Oecophylla smaragdina* (Fab.). *American Midland Naturalist, 39,* 641-651.

Hölldobler, B. (1983). Territorial behavior in the green tree ant (*Oecophylla smaragdina*). *Biotropica, 15,* 241-250.

第九章 蚂蚁和他们的牲畜

蚂蚁把蚜虫和其他吸食植物汁液的昆虫当作牲畜饲养

Cushman, J. H. & Addicol;t, J. F. (1989). Intra- and interspecific competition for mutualists: ants as a limited and limiting resource for aphids. *Oecologia, 79,* 315-321.

Detrain, C. et al. (2010). Aphid-ant mutualism: how honeydew sugars influence the behaviour of ant scouts. *Physiological Entomology, 35,* 168-174.

Fischer, M. K. et al. (2003). Competition for mutualists in an ant-homopteran interaction mediated by hierarchies of ant attendance. *Oikos, 92,* 531-541.

Volkl, W. et al. (1999). Ant-aphid mutualisms: The impact of honeydew production and honeydew sugar composition on ant preferences. *Oecologia, 118,* 483-491.

蚂蚁和蚜虫已经相互适应了

Mani, M. & Shivaraju, C. (Eds.) (2016). *Mealybugs and their management in agricultural and horticultural crops.* Springer.

Maschwitz, U. & Hänel, H. (1985). The migrating herdsman Dolichoderus (Diabolus) cuspidatus: An ant with a novel mode of life. *Behavioral Ecology and Sociobiology, 17,* 171-84.

Ross, L. & Shuker, D. M. (2009). Scale insects. *Current Biology, 19,* R184-R186.

Shingleton, A. W. (2007). The origin of a mutualism: A morphological trait promoting the evolution of ant-aphid mutualisms. *Evolution, 59,* 921-926.

Way, M. J. (1963). Mutualism between ants and honeydew-producing Homoptera. *Annual Review of Entomology, 8,* 307-344.

黑毛蚁 (*Lasius niger*) 利用黑豆蚜 (*Aphis fabae*)

Banks, C. J. (1958). Effects of the Ant, *Lasius niger* (L.), on the Behaviour and Reproduction of the Black Bean Aphid, *Aphis fabae Scop. Bulletin of Entomological Research, 49,* 701-714.

Banks, C. J.& Nixon, H. L. (1958). Effects of the Ant, *Lasius Niger* L., on the Feeding and Excretion of the Bean Aphid, *Aphis Fabae Scop. Journal of Experimental Biology, 35,* 703-711.

Offenberg, J. (2001). Balancing between mutualism and exploitation: The symbiotic interaction between *Lasius* ants and aphids. *Behavioral Ecology and Sociobiology, 49,* 304-310.

拟根蚜属 (*Paracletus*) 蚜虫的幼虫以草地铺道蚁 (*Tetramorium caespitum*) 的幼虫为食

Depa, Ł. et al. (2017). Do ants drive speciation in aphids? A possible case of ant-driven speciation in the aphid genus Stomaphis Walker (Aphidoidea, Lachninae). *Zoological Journal of the Linnean Society, 179,* 41-61.

Salazar, A. et al. (2015). Aggressive mimicry coexists with mutualism in an aphid. *Proceedings of the National Academy of Sciences USA, 112,* 1101-1106.

灰蝶 (*gossamer-winged butterfly*) 幼虫被蚂蚁保护和照顾

Fiedler, K. (2012). The host genera of ant-parasitic Lycaenidae butterflies: A review. *Psyche, 2012,* 153975.

Henning, S. F. (1983). Chemical communication between lycaenid larvae (Lepidoptera: Lycaenidae) and ants (Hymenoptera: Formicidae). *Journal of the Entomological Society of Southern Africa, 46,* 341-366.

Pierce, N. et al. (2002). The Ecology and Evolution of Ant Association in the Lycaenidae (Lepidoptera). *Annual Review of Entomology, 47*, 733-771.

巢穴中的昆虫要么保护自己，要么调整气味不被发现

Agrain, F. A. et al. (2015). Leaf beetles are ant-nest beetles: the curious life of the juvenile stages of case-bearers (Coleoptera, Chrysomelidae, Cryptocephalinae). *ZooKeys, 547,* 133-164.

Erber, D. (1988). Biology of *Camptosomata Clytrinae - Cryptocephalinae - Chlamisinae - Lamprosomatinae*. In Jolivet, P., Petitpierre, E. & Hsiao, T. H. (Eds.). *Biology of Chrysomelidae.* (Vol. 42). Springer.

Hlaváč, P. (2005). Revision of the myrmecophilous genus *Lomechusa* (Coleoptera: Staphylinidae: Aleocharinae). *Sociobiology, 46,* 203-250.

Hölldobler, B. et al. (2018). Behavior and exocrine glands in the myrmecophilous beetle *Lomechusoides strumosus* (Fabricius, 1775) (formerly called Lomechusa strumosa) (Coleoptera: Staphylinidae: Aleocharinae). *PLoS One, 13,* e0200309.

Witek, M. et al. (2014). *Myrmica* ants host highly diverse parasitic communities: From social parasites to microbes. *Insectes Sociaux, 61,* 307.

第十章 寄生和役奴蚁

美洲切胸蚁（*Temnothorax americanus*）奴役长刺切胸蚁（*Temnothorax longispinosus*）

Foitzik, S. et al. (2001). Coevolution in host-parasite systems: Behavioral strategies of slavemaking ants and their hosts. *Proceedings of the Royal Society B, 268,* 1139-1146.

Kaur, R. et al. (2019). Ant behaviour and brain gene expression of defending hosts depend on the ecological success of the intruding social parasite. *Philosophical Transactions of the Royal Society B, 374,* 1769.

Pamminger, T. et al. (2012). Raiders from the sky: Slavemaker founding queens select for aggressive host colonies. *Biology Letters, 8,* 748-750.

Wesson, L. G. (1939). Contributions to the natural history of *Harpagoxenus americanus. Transactions of the American Entomological Society, 65,* 97-122.

蜜罐蚁伏击并抢劫须蚁

Hölldobler, B. (1968). Food robbing in ants, a form of interference competition. *Oecologia, 69,* 12-15.

悍蚁会闯入其他物种的巢穴

Hölldobler, B. (1973). Chemical strategy during foraging in *Solenopsis fugax* Latr and *Monomorium pharaonis* L. *Oecologia, 11,* 371-380.

客居大蚁（*Megalomyrmex symmetochus*）捕食菇丝蚁（*Sericomyrmex*），保护其免受哈氏曲颊猛蚁（*Gnamptogenys*）的袭击

Adams, R. M. M. et al. (2013). Chemically armed mercenary ants protect fungus-farming societies. *Proceedings of the National Academy of Sciences USA, 110,* 15752-15757.

微切胸蚁（*Temnothorax minutissimus*）没有工蚁，弯刺切胸蚁（*Temnothorax curvispinosus*）承担了所有的艰难工作

Johnson, C. A. et al. (2008). Stealth and reproductive dominance in a rare parasitic ant. *Animal Behavior, 76,* 1965-1976.

切胸蚁（*T. schneideriria*）的蚁后捕食它们的宿主

Bourke, A. F. G. & Franks N. R. (1991). Alternative adaptions, sympatric speciation and the evolution of parasitic, inquiline ants. *Journal of the Linnean Society, 43,* 157-178.

Kutter, H. (1950). Über eine neue, extrem parasitische Ameise. *Mitteilungen der Schweizerischen Entomologischen Gesellschaft, 23,* 81-94.

Stumper, R. (1951). *Teleutomyrmex schneideri Kutter* (Hym. Formicid.). II. Mitteilung. Über die Lebensweise der neuen Schmarotzerameise. *Mitteilungen der Schweizerischen Entomologischen Gesellschaft, 24,* 129-152.

蜜罐蚁会表演格斗或奴役竞争对手

Hölldobler, B. (1976). Tournaments and slavery in a desert ant. *Science, 192,* 912-914.

役奴蚁蚁后通过伪装避开宿主的嗅探器潜入它们巢穴

D'Ettore, P. et al. (2000). Sneak in or repel your enemy: Dufour's gland repellent as a strategy for successful usurpation in the slave-maker *Polyergus rufescens. Chemoecology, 10,* 135-142.

.(2002). Blending in with the crowd: Social parasites integrate into their host colonies using a flexible chemical signature. *Proceedings of the Royal Society B, 269,* 1911-1918.

Johnson, C. A. et al. (2001). Changes in the cuticular hydrocarbon profile of the slave-maker ant queen, *Polyergus breviceps* emery, after killing a Formica host queen (Hymenoptera: Formicidae). *Journal of Chemical Ecology, 27,* 1787-1804.

Kleeberg, I. et al. (2017). The influence of slavemaking lifestyle, caste and sex on chemical profiles in *Temnothorax* ants: Insights into the evolution of cuticular hydrocarbons. *Proceedings of the Royal Society B, 284,* 1850.

役奴蚁在抢劫时依靠蛮力

Topoff, H. et al. (1989). Behavioral adaptations for raiding in the slave-making ant, *Polyergus breviceps*. *Journal of Insect Behavior, 2,* 545-556.

多种役奴蚁利用杜氏腺的分泌物诱导它们的宿主互相攻击

Allies, A. B. et al. (1986). Propaganda substances in the cuckoo ant *Leptothorax kutteri* and the slave-maker *Harpagoxenus sublaevis. Journal of Chemical Ecology, 12,* 1285-1293.

Bauer, S. et al. (2009). Fight or flight? A geographic mosaic in host reaction and potency of a chemical weapon in the social parasite *Harpagoxenus sublaevis. Behavioral Ecology and Sociobiology, 64,* 45-56.

Brandt, M. et al. (2006). Dufour's gland secretion as a propaganda substance in the slavemaking ant *Protomognathus americanus. Insectes Sociaux,* 53, 291-299.

Jongepier, E. et al. (2015). The ecological success of a social parasite increases with manipulation of collective host behaviour. *Journal of Evolutionary Biology, 28,* 2152-2162.

Savolainen, R. & Deslippe, R. J. (1996). Facultative and obligate slavery in formicine ants: Frequency of slavery, and proportion and size of slaves. *Biological Journal of the Linnean Society, 57,* 47-58.

役奴蚁定期袭击、伤害当地蚁群

Foitzik, S. & Herbers, J. M. (2001). Colony structure of a slavemaking ant: II. Frequency of slave raids and impact on the host population. *Evolution, 55,* 316-323.

Foitzik, S. et al. (2009). Locally-adapted social parasite affects density, social structure and life history of its ant hosts. *Ecology, 90,* 1195-1206.

"忍者蚂蚁"——掠夺切胸蚁（*Temnothorax pilagens*）可以几乎不被发现地抢劫宿主的巢穴

Kleeberg, I. & Foitzik S. (2016). The placid slavemaker: Avoiding detection and conflict as an alternative, peaceful raiding strategy. *Behavioral Ecology and Sociobiology, 70,* 27-39.

Seifert, B. et al. (2014). *Temnothorax pilagens* sp. n.—a new slave-making species of the tribe Formicoxenini from North America (Hymenoptera, Formicidae). *ZooKeys, 368,* 65-77.

基因变异使蚂蚁成为役奴蚁，奴役近亲物种

Alleman, A. et al. (2018). Comparative analyses of co-evolving host-parasite associations reveal unique gene expression patterns underlying slavemaker raiding and host defensive phenotypes. *Scientific Reports, 8,* 1951.

Feldmeyer, B. et al. (2017). Species-specific genes under selection characterize the co-evolution of slavemaker and host lifestyles. *BMC Evolutionary Biology, 17,* 237.

宿主发展出防御策略来抵御役奴者的攻击

ongepier, E. et al. (2014). Collective defense portfolios of ant hosts shift with social parasite pressure. *Proceedings of the Royal Society B, 281,* 1791.

Kleeberg, I. et al. (2014). Forewarned is forearmed: Aggression and information use determine fitness costs of slave raids. *Behavioral Ecology, 25,* 1058-1063.

Pamminger, T. et al. (2011). Increased host aggression as an induced defence against slavemaking ants. *Behavioral Ecology, 22,* 255-260.

一些被奴役的蚂蚁会造反，杀死奴隶主的后代

Achenbach, A., Foitzik, S. (2009). First evidence for slave rebellion: Enslaved ant workers systematically kill the brood of their social parasite *Protomognathus americanus. Evolution, 63,* 1068-1075.

Achenbach, A. et al. (2010). Brood exchange experiments and chemical analyses shed light on slave rebellion in ants. *Behavioral Ecology, 21,* 948-956.

Metzler, D. et al. (2016). The influence of space and time on the evolution of altruistic defense: the case of ant slave rebellion. *Journal of Evolutionary Biology, 29,* 874-886.

Pamminger, T. et al. (2014). Oh sister, where art thou? Spatial population structure and the evolution of an altruistic defence trait. *Journal of Evolutionary Biology, 27,* 2443-2456.

第十一章 "医生"的自我疗愈

线虫把蚂蚁后腹部变得像红色的浆果

Dattilo, W. et al. (2013). The Geographic Distribution of Parasite-Induced Fruit Mimicry in Cephalotes atratus (Formicidae: Myrmicinae). *Journal of Parasitology, 99,* 155-157.

Poinar, G. Jr. (2012). Nematode parasites and associates of ants: Past and present. *Psyche, 2012,* 192017.

Robin, M. V. et al. (2012). Exoskeletal thinning in Cephalotes atratus ants (Hymenoptera: Formicidae) parasitized by *Myrmeconema neotropicum* (Nematoda: Tetradonematidae). *Journal of Parasitology, 98,* 226-228.

Yanoviak, S. P. et al. (2008). Parasite-induced fruit mimicry in a tropical canopy ant. *American Naturalist, 171,* 536-544.

短尾绦虫（*Anomotaenia brevis*）能延长被寄生尼氏切胸蚁（*Temnothorax nylanderi*）的寿命并操纵其行为

Beros, S. et al. (2015). The parasites long arm: a tapeworm parasite induces behavioural changes in uninfected group members of its social host. *Proceedings of the Royal Society B, 282,* 20151473.

.(2019). Parasitism and queen presence interactively shape worker behaviour and fertility in an ant host. *Animal Behavior, 148,* 63-70.

Feldmeyer, B. et al. (2016). Gene expression patterns underlying parasite-induced alterations in host behaviour and life history. *Molecular Ecology, 25,* 648-660.

Scharf, I. et al. (2012). Ant societies buffer individual-level effects of parasite infections. *American Naturalist, 180,* 671-683.

Trabalon, M. et al. (2000). Modification of morphological characters and cuticular compounds in worker ants *Leptothorax nylanderi* induced by endoparasites *Anomotaenia brevis. Journal of Insect Physiology, 46,* 169-178.

寄生真菌能把蚂蚁变成“僵尸”

Araujo, J. P. M. et al. (2018). Zombie-ant fungi across continents: 15 new species and new combinations within *Ophiocordyceps*. I. Myrmecophilous hirsutelloid species. *Studies in Mycology, 90,* 119-160.

Fredericksen, M. A. et al. (2017). Three-dimensional visualization and a deep-learning model reveal complex fungal parasite networks in behaviorally manipulated ants. *Proceedings of the National Academy of Sciences USA, 114,* 12590-12595.

Hughes, D. P. et al. (2011). Ancient death-grip leaf scars reveal ant-fungal parasitism. *Biology Letters, 7,* 67-70.

Kobmoo, N. et al. (2019). Population genomics revealed cryptic species within host-specific zombie-ant fungi (*Ophiocordyceps unilateralis*). *Molecular Phylogenetics and Evolution, 140,* 106580.

Lachaud, J-P. et al. (2013). Ants and their parasites. *Psyche.*

Loreto, R. G. & Hughes, D. P. (2019). The metabolic alteration and apparent preservation of the zombie ant brain. *Journal of Insect Physiology, 118,* 103918.

矛形双腔吸虫（*Dicrocoelium dendriticum*）也迫使蚂蚁服从它的命令

Botvenik, C. E. et al. (2016). Relative effects of temperature, light, and humidity on clinging behavior of Metacercariae-infected ants. *Journal of Parasitology, 102,* 495-500.

Hohorst, W. & Graefe, G. (1961). Ameisen-obligatorische Zwischenwirte des Lanzettegels (*Dicrocoelium dendriticum*). *Naturwissenschaften, 48,* 229-230.

Krull, W. H. & Mapes, C. R. (1952). Studies on the biology of *Dicrocoelium dendriticum* (Rudolphi, 1819). Looss, 1899 (Trematoda: Dicrocoeliidae), including its relation to the intermediate host, *Cionella lubrica* (Muiller). VII. The second intermediate host of *Dicrocoelium dendriticum. Cornell Veterinarian, 4,* 603-604.

Manga-González, M. Y. et al. (2001). Contributions to and review of dicrocoeliosis, with special reference to the intermediate hosts of *Dicrocoelium dendriticum. Parasitology, 123,* 91-114.

Martin-Vega, D. et al. (2018). 3D virtual histology at the host/parasite interface: Visualisation of the master manipulator, *Dicrocoelium dendriticum*, in the brain of its ant host. *Scientific Reports, 8,* 8587.

Tarry, D. W. (1969). *Dicrocoelium dendriticum*: The life cycle in Britain. *Journal of Helminthology, 43,* 403-416.

蚂蚁保护自己免受病原体的侵害

Clardy, J. et al. (2009). The natural history of antibiotics. *Current Biology, 19,* R437-R441.

Cremer, S. et al. (2018). Social immunity: emergence and evolution of colony-level disease protection. *Annual Review of Entomology, 63,* 105-123.

Schulz, T. R. (1999). Ants, plants and antibiotics. *Nature, 398,* 747-748.

Stroeymeyt, N. et al. (2018). Social network plasticity decreases disease transmission in a eusocial insect. *Science, 362,* 941-945

生病的蚂蚁自愿离开巢穴

Bos, N. et al. (2011). Sick ants become unsociable. *Journal of Evolutionary Biology, 25,* 342-351.

Chapuisat, M. (2010). Social evolution: Sick ants face death alone. *Current Biology, 20,* R104-R105.

Heinze, J. & Walter, B. (2010). Moribund ants leave their nests to die in social isolation. *Current Biology, 20,* 249-252.

蚂蚁与产生抗生素的细菌和谐共处

Hedges, S. (1989). Science: Ant antibody fights fungal infections in humans. *New Scientist, 1691.*

Ortega, H. E. et al. (2019). Antifungal compounds from Streptomyces associated with attine ants also inhibit *Leishmania donovani. PLoS Neglected Tropical Diseases, 13,* e0007643.

Peakall, R. et al. (1990). The significance of ant and plant traits for ant pollination in *Leporella fimbriata. Oecologia, 84,* 457-460.

Van Arnam, E. B. et al. (2016). Selvamicin, an atypical antifungal polyene from two alternative genomic contexts. *Proceedings of the National Academy of Sciences USA, 113,* 12940-12945.

在一次袭击后，工蚁从战场上营救它们受伤的姐妹

Frank, E. T. et al. (2017). Saving the injured: Rescue behavior in the termite-hunting ant *Megaponera analis. Science Advances, 3,* el602187.

. (2018). Wound treatment and selective help in a termite-hunting ant. *Proceedings of the Royal Society B, 285,* 20172457.

第十二章　统治世界之路

热带火蚁（*Solenopsis geminata*）在16世纪由西班牙水手传播到世界各地

Gotzek, D. et al. (2015). Global invasion history of the tropical fire ant: A stowaway on the first global trade routes. *Molecular Ecology, 24,* 374-388.

McGlynn, T. P. (1999). The worldwide transfer of ants: geographical distribution and ecological invasions. *Journal of Biogeography, 26,* 535-548.

俗称阿根廷蚁（Argentine ant）的小麻臭蚁（*Linepithema humile*）统治着西欧地中海沿岸

Blight, O. et al. (2010). A new colony structure of the invasive Argentine ant (*Linepithema humile*) in Southern Europe. *Biological Invasions, 12,* 1491-1497.

Jaquiéry, J. et al. (2005). Multilevel genetic analyses of two European supercolonies of the Argentine ant, *Linepithema humile. Molecular Ecology, 14,* 589-598.

Roura-Pascual, N. et al. (2004). Geographical potential of Argentine ants (*Linepithema humile* Mayr) in the face of global climate change. *Proceedings of the Royal Society B, 271,* 1557.

Suarez, A. V. et al. (1999). Behavioral and genetic differentiation between native and introduced populations of the Argentine Ant. *Biological Invasions, 1,* 43-53.

Tsutsui, N. D. et al. (2001). Relationships among native and introduced populations of the Argentine ant (*Linepithema humile*) and the source of introduced populations. *Molecular Ecology, 10,* 2151-2161.

Wetterer, J. K. (2009). Worldwide spread of the Argentine ant, *Linepithema humile* (Hymenoptera: Formicidae). *Myrmecological News, 12,* 187-194.

遗传瓶颈和原始种群效应促进了超级蚁群的形成

Jackson, D. E. (2007). Social evolution: Pathways to ant unicoloniality. *Current Biology, 17,* R1063-R1064.

Lee, C. E. (2002). Evolutionary genetics of invasive species. *Trends in Ecology & Evolution, 17,* 386-391.

Moffett, M. W. (2012). Supercolonies of billions in an invasive ant: What is a society? *Behavioral aeacology, 23,* 925-933.

Suarez, A. V. et al. (2008). Genetics and behavior of a colonizing species: The invasive Argentine Ant. *The American Naturalist, 172,* 72-84.

细足捷蚁（*Anoplolepis gracilipes*）破坏圣诞岛上的生态平衡

Abbott, K. L. (2005). Supercolonies of the invasive yellow crazy ant, *Anoplolepis gracilipes,* on an oceanic island: Forager activity patterns, density and biomass. *Insectes Sociaux, 52,* 266-273.

Denslow, J. S. (2001). The ecology of insular biotas. *Trends in Ecology & Evolution, 16,* 423-424.

O'Dowd, D. J. et al. (2003). Invasional "meltdown" on an oceanic island. *Ecology Letters, 6,* 812-817.

红火蚁（*Solenopsis invicta*）征服了美国南部

Ascunce, M. S. et al. (2011). Global invasion history of the fire ant *Solenopsis invicta. Science, 331,* 1066-1068.

Morrison, L. W. (2002). Long-term impacts of an arthropod-community invasion by the imported fire ant, *Solenopsis invicta. Ecology, 83,* 2337-2345.
et al. (2004). Potential global range expansion of the invasive fire ant, *Solenopsis invicta. Biological Invasions, 6,* 183-191.

Tschinkel, W. R. (2006). *The Fire Ants.* Harvard University Press.

暗灰蚁（*Formica fuscocinerea*）在没有人为干预的情况下从奥地利迁移到了德国南部

Pohl, A. et al. (2018). Mass occurrence and dominant behavior of the european ant species *Formica fuscocinerea* (Forel). *Journal of Insect Behavior, 31,* 12-28.

入侵花园的失落毛蚁（*Lasius neglectus*）于1990年首次被确认为独立的种

Espadaler, X. & Rey, S. (2001). Biological constraints and colony founding in the polygynous invasive ant *Lasius neglectus* (Hymenoptera, Formicidae). *Insectes Socianx, 48,* 159-164.

Seifert, B. (2000). Rapid range exansion in *Lasius neglectus* (Hymenoptera, Formicidae)—an Asian invader swamps Europe. *Deutsche Entomologische Zeitschrift, 47,* 173-179.

Tartally, A. et al. (2016). Collapse of the invasive garden ant, *Lasius neglectus,* populations in four European countries. *Biological Invasions, 18,* 3127-3131.

法老小家蚁（*Monomorium pharaonis*）在诊所、厨房和面包店传播病原体

Beatson, S. H. (1972). Pharaohs ants as pathogen vectors in hospitals. *The Lancet, 299,* 425-427.

Bertelsmeier, C. et al. (2015). Worldwide ant invasions under climate change. *Biodiversity and Conservation, 24,* 117-128.

Gliniewicz, A. et al. (2006). Pest control and pesticide use in hospitals in Poland. *Orcis Indoor and Built Environment, 15,* 57-61.

Wetterer, J. K. (2010). Worldwide spread of the pharaoh ant, *Monomorium* (Hymenoptera: Formicidae). *Myrmecological News, 13,* 115-129.

一些入侵者自动消失了

Cooling, M. et al. (2012). The widespread collapse of an invasive species: Argentine ants (*Linepithema humile*) in New Zealand. *Biology Letters, 8,* 430-433.

Cooling, M. & Hoffmann, B. D. (2015). Here today, gone tomorrow: declines and local extinctions of invasive ant populations in the absence of intervention. *Biological Invasions, 17,* 3351-3357.

Lester, P. J. & Gruber, M. A. M. (2016). Booms, busts and population collapses in invasive ants. *Biological Invasions, 18,* 3091-3101.

Tartally, A. et al. (2016). Collapse of the invasive garden ant, *Lasius neglectus*, populations in four European countries. *Biological Invasions, 18,* 3127-3131.

棕黄尼氏蚁（*Nylanderia fulva*）正在取代红火蚁

Chen, J. et al. (2013). Defensive chemicals of tawny crazy ants, *Nylanderia fulva* (Hymenoptera: Formicidae) and their toxicity to red imported fire ants, *Solenopsis invicta* (Hymenoptera: Formicidae). *Toxicon, 76,* 160-166.

Kumar, S. et al. (2015). Evidence of niche shift and global invasion potential of the Tawny Crazy ant, *Nylanderia fulva. Ecology and Evolution, 5,* 4628-4641.

LeBrun, E. G. et al. (2013). Imported crazy ant displaces imported fire ant, reduces and homogenizes grassland ant and arthropod assemblages. *Biological Invasions, 15,* 2429-2442.

.(2014). Chemical warfare among invaders: A detoxification interaction facilitates an ant invasion. *Science, 343,* 1014-1017.

第十三章 疯狂的小动物

非洲蜂足蚁（*Melissotarsus*）只适应隧道里的生活，它们不能站在平地上

Buehler, J. (2018). Evolution turned this ant into a living drill. Sciencemag, sciencemag.org/news/2018/08/evolution-turned-ant-living-drill.

Khalife, A. et al. (2018). Skeletomuscular adaptations of head and legs of *Melissotarsus* ants for tunneling through living wood. *Frontiers in Zoology, 15,* 1-11.

Mony, R. et al. (2013). *Melissotarsus* ants are likely able to digest plant polysaccharides. *Comptes Rendus Biologies, 336,* 500-5004.

黑衣龟蚁（*Cephalotes atratus*）和其他物种能滑翔

Yanoviak, S. P. et al. (2005). Directed aerial descent in canopy ants. *Nature, 433*, 624-626.

.(2008). Directed aerial descent behavior in African canopy ants (Hymenoptera: Formicidae). *Journal of Insect Behavior, 21,* 164-171.

.(2010). Aerial maneuverability in wingless gliding ants (*Cephalotes atratus*). *Proceedings of the Royal Society B, 277,* 1691.

大齿猛蚁（*Odontomachus*）用它们的上颚将自己弹射到空中

Gronenberg, W. et al. (1993). Fast trap jaws and giant-neurons in the ant *Odontomachus. Science, 262,* 561-563.

Larabee, F. J. & Suarez, A. V (2015). Mandible-powered escape jumps in trap-jaw ants increase survival rates during predator-prey encounters. *PLoS One, 10,* e0124871.

Larabee, F. J. et al. (2017). Performance, morphology and control of power-amplified mandibles in the trap-jaw ant *Myrmoteras* (Hymenoptera: Formicidae). *Journal of Experimental Biology, 220,* 3062-3071.

Patek, S. N. et al. (2006). Multifimctionality and mechanical origins: Ballistic jaw propulsion in trap-jaw ants. *Proceedings of the National Academy of Sciences USA, 103,* 12787-12792.

南美的暗姬猛蚁（*Hypoponera opacior*）的雄蚁在蚁后从茧中孵化出来之前就与它们交配

Foitzik, S. et al. (2002). Mate guarding and alternative reproductive tactics in the ant *Hypoponera opacior. Animal Behavior, 63,* 597-604.

Kureck, I. M. et al. (2011). Wingless ant males adjust mate-guarding behaviour to the competitive situation in the nest. *Animal Behaviour, 82,* 339-346.

小火蚁（*Wasmannia auropunctata*）的雄蚁和雌蚁的基因差异如此之大，以至于它们看起来像是不同的物种

Foucaud, J. et al. (2009). Reproductive system, social organization, human disturbance and ecological dominance in native populations of the little fire ant, *Wasmannia auropunctata. Molecular Ecology, 18,* 5059-5073. Fournier, D. et al. (2005). Clonal reproduction by males and females in the little fire ant. *Nature, 435,* 1230-1234.

Queller, D. (2005). Evolutionary biology—Males from Mars. *Nature, 435,* 1167-1168.

平截平头蚁（*Colobopsis truncata*）用它们的头堵住巢穴的入口进行守卫

Fujioka, H. et al. (2019). Observation of plugging behaviour reveals entrance-guarding schedule of morphologically specialized caste in *Colobopsis nipponicus. Ethology, 125,* 526-534.

Hasegawa, E. (1993). Nest defense and early production of the major workers in the dimorphic ant *Colobopsis nipponicus* (Wheeler) (Hymenoptera, Formicidae). *Behavioral Ecology and Sociobiology, 33,* 73-77.

Laciny, A. et al. (2017). Morphological variation and mermithism in female castes of *Colobopsis* sp. nrSA, a Bornean "exploding ant" of the *Colobopsis cylindrica* group (Hymenoptera: Formicidae). *Myrmecological News, 24,* 91-106.

Walker, J. & Stamps, J. (1986). A test of optimal caste ration theory using the ant *Camponotus (Colobopsis) impressus. Ecology, 67,* 1052-1062.

巴西的海耶福臭蚁（*Forelius pusillus*）晚上会从外面把巢封起来，然后跑开等死

Bourke, A. F. G. (2008). Social evolution: Daily self-sacrifice by worker ants. *Current Biology, 18,* 1100-1101.

Shorter, J. R. & Rueppell, O. (2012). A review on self-destructive defense behaviors in social insects. *Insectes Sociaux, 59,* 1-10.

Tofilski, A. T. et al. (2008). Preemptive defensive self-sacrifice by ant workers. *American Naturalist, 172,* 239-243.

桑氏弓背蚁 (*Camponotus saundersi*) 会自爆，将毒液扩散到攻击者身上

Davidson, D. W. et al. (2012). Histology of structures used in territorial combat by Borneo's "exploding ants." *Acta Zoologica, 93(4),* 487-491.

Jones, T. H. et al. (2004). The chemistry of exploding ants, *Camponotus* SPP. (*Cylindricus* COMPLEX). *Journal of Chemical Ecology, 30(8),* 1479-1492.

Laciny, A. et al. (2018). *Colobopsis explodens* sp. n., model species for studies on "exploding ants" (Hymenoptera, Formicidae), with biological notes and first illustrations of males of the *Colobopsis cylindrica* group. *ZooKeys, 751,* 1-40.

计算机科学家模仿蚂蚁的信息素轨迹来寻找最好的途径

Bonabeau, E. et al. (2000). Inspiration for optimization from social insect behaviour. *Nature, 406,* 39-42.

Musco, C. et al. (2017). Ant-inspired density estimation via random walks. *Proceedings of the National Academy of Sciences USA, 114,* 10534-10541.

Werfel, J. et al. (2014). Designing collective behavior in a termite-inspired robot construction team. *Science, 343,* 754-758.

在大雨中，宾氏细长蚁 (*Tetraponera binghami*) 和角沟下沟蚁 (*Cataulacus muticus*) 会喝下涌进巢中的水，然后在巢口吐或排泄出来

Kolay, S. & Annagiri, S. (2015). Dual response to nest flooding during monsoon in an Indian ant. *Scientific Reports, 5,* 13716.

LeBrun, E. G. et al. (2011). Convergent evolution of levee building behavior among distantly related ant species in a floodplain ant assemblage. *Insectes Sociaux, 58,* 263-269.

Maschwitz, U. & Moog, J. (2000). Communal peeing: a new mode of flood control in ants. *Naturwissenschaften, 87,* 563-565.

资助项目：

国家自然科学基金 (32360127)；

广西自然科学基金 (2022GXNSFAA035524)；

珍稀濒危动植物生态与环境保护教育部重点实验室基金 (ERESEP2022Z9)；

广西珍稀濒危动物生态学重点实验室基金 (20-A-01-06)。